U0182992

权威·前沿·原创

皮书系列为
"十二五""十三五"国家重点图书出版规划项目

BLUE BOOK

智库成果出版与传播平台

海洋文化蓝皮书

BLUE BOOK OF
CHINA'S MARITIME CULTURE

福州大学智库研究成果

中国海洋文化发展报告
（2020）

REPORT ON THE DEVELOPMENT OF CHINA'S
MARITIME CULTURE (2020)

自然资源部宣传教育中心
福州大学
福建省海洋文化研究中心
主　编／苏文菁　李　航

社会科学文献出版社
SOCIAL SCIENCES ACADEMIC PRESS (CHINA)

图书在版编目（CIP）数据

中国海洋文化发展报告. 2020 / 苏文菁，李航主编
. -- 北京：社会科学文献出版社，2020.11
（海洋文化蓝皮书）
ISBN 978 - 7 - 5201 - 7620 - 0

Ⅰ.①中… Ⅱ.①苏… ②李… Ⅲ.①海洋 - 文化 -
研究报告 - 中国 - 2020 Ⅳ.①P72

中国版本图书馆 CIP 数据核字（2020）第 229211 号

海洋文化蓝皮书
中国海洋文化发展报告（2020）

主　　编／苏文菁　李　航

出 版 人／王利民
组稿编辑／陈凤玲
责任编辑／宋淑洁　蔡莎莎

出　　版／社会科学文献出版社 · （010）59367226
　　　　　地址：北京市北三环中路甲 29 号院华龙大厦　邮编：100029
　　　　　网址：www. ssap. com. cn
发　　行／市场营销中心（010）59367081　59367083
印　　装／天津千鹤文化传播有限公司

规　　格／开本：787mm × 1092mm　1/16
　　　　　印　张：14.5　字　数：215 千字
版　　次／2020 年 11 月第 1 版　2020 年 11 月第 1 次印刷
书　　号／ISBN 978 - 7 - 5201 - 7620 - 0
定　　价／158.00 元

中国海洋文化发展报告（2020）
编　委　会

主编简介

李　航　自然资源部宣传教育中心党委书记、副主任。曾任国家海洋局中国海监总队副总队长，国家海洋局南海分局副局长兼任中国海监南海总队政治委员，国家海洋局宣传教育中心副主任、党委书记兼纪委书记等职。中国音乐家协会会员。现任自然资源部音乐爱好者协会副会长兼秘书长，自然资源部 2020 年春演总策划、总导演。

多年来致力于自然资源新闻宣传及文化建设工作，主持开展多届世界海洋日暨全国海洋宣传日、中国海洋经济博览会、年度海洋人物评选、全国大中学生海洋文化创意设计大赛等全国性大型宣传展览活动，积极推动中国海洋文化节、厦门国际海洋周、世界妈祖文化论坛等文化宣传活动深入开展，深入推进自然资源文化领域研究，主持编写《全国海洋文化发展规划纲要》，原创多首自然资源领域优秀的音乐作品，探索通过文学、音乐、艺术等多种形式推动自然资源文化大繁荣大发展。

苏文菁　北京师范大学博士，福州大学教授，福州大学闽商文化研究院院长，福建省高端特色智库"福建省海洋文化中心"主任、首席专家。美国康奈尔大学亚洲系访问学者、讲座教授，北京大学特约研究员，全国海洋意识教育基地福州大学主任，全国商业史学会副会长，中国皮书研究院高级研究员，福建省海洋与渔业经济研究会理事会副会长。主要研究领域：区域文化与经济、海洋文化、文化创意产业。2016 年，策划出版国家主题出版重点出版物"海上丝绸之路与中国海洋强国战略丛书"；2010～2016 年策划出版"闽商发展史"丛书十五卷。另外，近年来，主编"闽商蓝皮书""海洋文化蓝皮书"系列出版物，主编《闽商文化研究》杂志；出版专著《闽商文化论》《福建海洋文明发展史》《世界的海洋文明：起源、发展与融合》《海洋与人类文明的生产》《海上看中国》《文化创意产业：理论与实务》等；策划、主讲的"海洋与人类文明的生产"课程获评教育部首批精品课程，被"学习强国"首页多次推荐。

多年来，致力于将海洋文化知识体系为相关职能部门服务的转化工作与智库参谋工作。其中，与自然资源部宣教中心共同主编的《海洋文化蓝皮书：中国海洋文化发展报告（2019）》是一个智库工作平台。

摘　要

本年度海洋文化蓝皮书根据 2019 年中国海洋文化的发展情况，分为六大板块共 11 篇文章。

本年度总报告从海洋意识教育、海洋文化研究、海洋文化产业、涉海博物馆等方面介绍了 2019 年中国海洋文化发展的总体情况。2019 年，海洋文化已经引起各级地方政府与教育机构的重视，具体体现在海洋文化活动、海洋文化研究与海洋文化产品的数量上。现阶段我国海洋文化发展的限制性因素在于制度安排与人力资源的短缺。

第二板块共有三篇分报告，对海洋教育研究、涉海文艺创作、海洋体育运动三个方面的发展轨迹与现状进行了系统性的梳理。《2020 年中国海洋教育研究回顾与展望》整理了 2019 年我国海洋教育研究的最新进展，分析海洋教育研究的现状和特点。《2020 年中国涉海文艺创作报告》将涉海文艺创作分为涉海文学、涉海绘画、涉海影视、涉海音乐、涉海舞蹈五个方面，总结得出了中国涉海文艺创作的发展规律。《中国海洋体育运动的现状与展望》立足于产业一线，梳理了我国海洋体育运动机遇与挑战并存的情况。

第三板块由《2019 年中国海洋史研究专题报告》《船政历史研究与文化建设报告》两个专题报告组成。2019 年，中国海洋史研究继续稳步前进，取得多方面的新成果和新进展。在全球史、整体史视野下，重大议题的研究继续拓展，并多有新说；一些新的研究热点也已然形成。船政创建是我国历史上的重大事件，也是海洋学术研究与文化建设的重要主题之一。本年度对船政历史研究及船政文化建设自提出至 2020 年的情况进行了回顾，对未来如何进一步挖掘类似的成熟主题的潜力、突破瓶颈进行创新具有借鉴意义。

2010 年前后，中国的海洋文化建设进入了一个蓬勃发展的阶段，许多

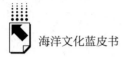

重要的海洋文化相关机构和项目相继启动。第四板块选取了具有代表性的"全国大中学生海洋文化创意设计大赛"、"年度海洋人物"评选活动、上海中国航海博物馆作为案例,对其进行了十年总结与回顾。

作为本书的第五板块为评价篇,由《中国海洋教育机构评价体系研究》作为本板块的内容,《2019年中国海洋文化大事记》作为本书的附录。

关键词:海洋意识教育　文化创意产业　涉海文化研究

目　录

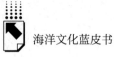
V　评价篇

VI　附　录

皮书数据库阅读 **使用指南**

总 报 告

General Report

B.1
2019年中国海洋文化发展状况

苏文菁*

摘　要： 2019年中国海洋文化建设呈现稳健发展的态势。其表现分为两方面，一方面是海洋文化建设平台的发展，其表现为博物馆、重大海洋文化活动的十年总结与海洋大学的增加；另一方面是传统海洋文化研究领域的深化与拓展，以及研究队伍的增多。本报告对2019年度我国的海洋教育、海洋文艺创作、海洋体育等进行了系统梳理，肯定了海洋文化建设的成果，同时，我们认为制度安排的缺陷与海洋研究人才的缺乏依然是制约我国海洋文化建设取得更多成就的瓶颈。

关键词： 海洋文化　年度报告　海洋教育　海洋体育

* 苏文菁，北京师范大学博士，福州大学教授，闽商文化研究院院长，福建省海洋文化研究中心主任、首席专家，研究领域：海洋文化理论、区域文化与经济、文化创意产业。

2019 年 4 月 23 日，习近平主席在青岛会见应邀出席中国人民解放军海军成立 70 周年多国海军活动的外方代表团团长时，提出海洋对于人类社会生存和发展具有重要意义，他指出："希望大家集思广益、增进共识，努力为推动构建海洋命运共同体贡献智慧。"① 海洋是构建人类命运共同体过程中的重要平台与枢纽，中国海洋文化建设在此新的历史阶段必将迎来新的发展机遇。

一　2019 年中国海洋文化发展总体情况

（一）海洋意识教育

2019 年，无论是在学校教育体系还是在相关的社会培训机构，对海洋教育的关注度都在持续上升。同时，关于海洋教育的理论研究也取得了一定程度的进展，可以说，中国海洋教育的内容和体系正在逐步架构，其表现就是从认识海洋的自然知识领域逐步向涉及人海关系的政治、经济及文化领域扩展。2019 年，海洋教育领域发展有以下特点：关于海洋教育的概念内涵进一步聚焦，对海洋教育的历史研究得到拓展，海洋教育的学科理论研究进一步深入，特别是对中小学海洋教育研究进一步聚焦，我国的海洋教育国际化程度进一步增强等。2019 年，我国围绕着海洋教育这一主题举办了多项学术交流活动，包括"2019 海洋教育国际研讨会暨亚洲海洋教育者学会学术会议""2019 海峡两岸海洋教育教师交流活动"等。海洋教育领域的学术交流平台开始建立起来，宁波大学海洋教育研究中心与亚洲海洋教育者学会学术委员会联办的《海洋教育研究通讯》于年内推出。

我国沿海地区的部分区域地方海洋教育颇具特色，它们海洋教育的理念与实践为全国开展海洋教育提供了很好的本土经验。同时，各类海洋教育的研学活动在全国各地开展，形式丰富多彩，范围涵盖了大、中、小学。在这样的背景之下，本年度分报告《中国海洋教育机构评价体系研究》提出了

---

① 范恒山：《积极推动构建海洋命运共同体》，《人民日报》2019 年 12 月 24 日，第 9 版。

关于中国海洋教育机构评价指标体系（CMEIE，2020版）建设的研究，该研究从品牌力、主题力、管理力、影响力四个方面对我国现有的海洋教育机构进行评价，这是我国学术界对强化海洋教育的科学管理，保证海洋教育质量的一次有益的尝试。

（二）海洋文化研究

2019年，中国海洋文化的研究有了新的发展态势，主要表现在学术研究机构的加强与研究队伍的扩大。

2019年，又有一系列新的学术研究和交流平台开始建立。江苏省的淮海工学院更名为江苏海洋大学，深圳也在谋划深圳海洋大学的办学方案。海洋大学作为地区的学术研究中心已经越发受到各地方政府的重视。2019年，各高校和相关研究机构举办了大量涉及海洋文化的会议和论坛，其中规模较大且受关注的有：3月30日福建厦门举办的"海洋与中国研究"国际学术研讨会；4月2日山东青岛举办的"海洋强国与海洋文化遗产"学术研讨会；11月9日广东中山举办的"大航海时代珠江口湾区与太平洋－印度洋海域交流"国际学术研讨会暨"2019海洋史研究青年学者论坛"等。学术会议与论坛作为该领域学术研究成果的集中发布和学者们交流的平台，历来备受学术界的重视，本年度的几个代表性学术会议不仅有不少重要的学术研究成果发布，而且参会的学者已呈现跨学科趋势，充分展现出海洋文化研究领域跨学科的属性。

2019年中国海洋史研究延续了2018年的热度，在多方面取得新成果和新进展。全年出版发表相关中文论著（含学位论文）共约330篇（部），这个数字和2018年相比略有下降。但是，在全球史、整体史视野下，重大议题的研究有拓展，且多有新说。在海洋学科的前沿领域，如海洋环境、海洋知识，以及大洋洲、南太平洋、印度洋史研究等，成为本年度新的研究热点。

（三）海洋文化产业

2019年，涉海文艺创作在不动声色之中平稳发展。国家的海洋战略、海洋政策直接影响了海洋经济、海洋科学、贸易、航海等；这些因素和涉海

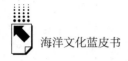

文艺的发展有着密切的联系，或为作品提供素材，或为创作提供动力。就影视作品来看，2019年涉海影视代表作品有《海门深处》《血鲨》《大国行动》《红鲨突击》《流浪地球》等，这些作品类型丰富、内容广泛。同时，我国的涉海绘画延续了近几年的繁荣，海洋画展览举行多次。涉海科普读物取得新成果，"海洋心·强国梦"丛书、"图说海洋"丛书的最新几册在2019年出版发行。纪实类涉海文学有"海洋人物"丛书第八册《大海星空：2016、2017年度海洋人物》。

2019年，滨海旅游业持续较快增长，全年实现增加值18086亿元，比上年增长9.3%，占主要海洋产业增加值的50.6%，是我国海洋经济发展的支柱产业。滨海旅游业发展模式呈现生态化和多元化，已形成包括海洋观光游览、休闲娱乐、度假住宿、体育运动、海底休闲、低空飞行、邮轮游艇等立体式的旅游产品体系。

（四）涉海博物馆

2019年，我国的多家涉海博物馆陆续建成。5月1日，由自然资源部和天津市人民政府共建的位于天津的国家海洋博物馆试开馆。6月6日，广西北部湾大学建设的北部湾海洋文化博物馆正式揭牌。7月5日，上海长兴岛博物馆七大主题之一——江海生态文化馆正式开馆。这些新建的涉海博物馆的规模和等级各有不同，反映海洋文化在国家到地方的各个层面上都已经引起了重视。截至2019年底，涉海类专题博物馆中与海洋文化直接相关的如航海、舟船、船政、海战、港口、海事、海关、水运等约有60家；若将收藏展示内容与舟船航海相关，特别是将沿江沿海地区综合类省馆、市馆都算在内的话，估计有130余家。

中国航海博物馆2010年7月正式开馆，经过十年发展，已经成为我国最为重要和知名的航海类专题博物馆，也是最有代表性的行业博物馆之一。中国航海博物馆的十年发展，伴随着我国海洋、交通、文化旅游、区域协同发展等国家战略的全面推进。在与国家共振、社会同频的过程中，中国航海博物馆在陈列展览、学术研究、文物典藏、社教活动、服务保障、国际交流等方面取得了长足的进步，逐渐成为展示中国悠久航海历史与灿烂海洋文化、培养公众航海意识与航海精神、交流互鉴中外航海文明最重要的阵地和平台之一。经过十年的积累与发展，中国航海博物馆将进入新的发展周期。

二　本年度海洋文化发展新选题

2019年，《中国海洋文化发展报告（2019）》正式出版。在《中国海洋文化发展报告（2019）》的基础上，2020年，我们选择了"海洋教育""涉海文艺""海洋体育"三个海洋文化的重要方面作为本年度的分报告，对这三个领域的发展历程进行了整体性的回顾。2019年，是中国海洋文化建设的重要回顾之年。进入2010年前后，中国的海洋文化建设进入了一个蓬勃发展的阶段，其典型事件之一就是国家层面的涉海类博物馆进入了建设的重要阶段，有2009年开馆的中国航海博物馆（上海）；2011年4月国家海洋博物馆选址天津，2012年10月通过国家立项审批。2019年正值中国航海博物馆（上海）建馆十周年，今年的海洋文化蓝皮书有了一篇《中国航海博物馆十年发展分析报告》。对于2009年开启的中国"年度海洋人物"评选活动也到了十年总结与回顾的时间；而由中国海洋大学领衔主持的"全国大中学生海洋文化创意设计大赛"也举办了十年。本年度蓝皮书有了《"年度海洋人物"十年评选分析报告》与《"全国大中学生海洋文化创意设计大赛"分析报告》。

（一）海洋教育

教育是人类文明薪火相传的重要载体。中国的海洋教育关系到全民海洋意识的培育，中国的海洋文化能否跟上"建设海洋强国"乃至"建设海洋命运共同体"的时代脚步，关键在于海洋教育。但是，我们应该清醒地意识到，长期以来，中国的"海洋"教育在国民教育体系中是处于"缺席"的状态。

我们可以从对国民教育的中小学教材的分析中看到这一海洋"缺席"

的现象。人民教育出版社出版的教材（以下简称"人教版"）是在全国范围内使用最为广泛的中学教材。2001年，依据《义务教育地理课程标准》修订的人教版《地理》课本中，八年级"中国地理"部分详尽地介绍了中国的地理地貌情况，却"不经意地"少了对海洋的介绍；与七年级"世界地理"部分的海洋教育内容相比，"中国地理"部分的海洋教育内容几乎"缺席"了。从中我们可以看到，教材编制者还是站在传统的陆地思维角度，把视角局限在中国的陆地国土之上，对中国的海洋国土认识不足。而在高中阶段的教材中，情况也不容乐观。2003年，国家教育部颁布了《普通高中课程方案（实验）》和《普通高中地理课程标准（实验）》，增设《海洋地理》选修模块，将原有"必修"课程中大部分海洋知识移至"选修"部分。此次课改虽然旨在使海洋地理知识能更加系统和完善的呈现，但是实际操作中，由于高考试卷中"选修"课程部分所占比例极低，学校"教"与"学"的学习积极性都大幅降低，海洋知识内容反而被进一步淡化。

除了与海洋相关的自然地理知识之外，我国教材对海洋与人类活动的联系没有进行充分挖掘和拓展，"人文海洋"基本缺失。高中选修模块《海洋地理》的内容设置主要有以下四个部分：①海洋和海岸带；②海洋开发；③海洋环境问题与保护；④海洋权益。这些都属于海洋的自然知识，不难看出，课本编纂者的视野仍局限在海洋的物理属性层面上，而海洋的人文层面，即人与海洋之间互动而产生的历史、文化等精神文明成果，要么被"忽视"，要么就被解读为陆地文明的事例。

我们仍以人教版课本为例，在小学《语文》课本第十二册中，编者节选了《鲁滨孙漂流记》中鲁滨孙漂流到荒岛上反思的片段。《鲁滨孙漂流记》首次出版于1719年，正是英国进行海洋殖民扩张，开启工业革命的时期。鲁滨孙对海洋抱有无限的热情，对征服海洋、海上的财富、海洋的未知世界的无限渴望其实代表的是那个年代英国的时代精神。鲁滨孙的故事展现了海洋所带给人的财富、荣誉，其实质在于展示英国的海洋冒险精神，这一故事是对《荷马史诗》以来的欧洲人对海洋的好奇、对海外财富的渴望与海上冒险的精神的延续。然而，教案对于这个故事的解释停留在教导学生如何"荒岛生存",学习鲁滨孙克服困难、解决困难的精神和态度。这是一个用陆地思维看待海洋故事的典型案例。

自十八大提出"海洋强国"以来,虽然主流的课本、教材未能及时与时俱进,但是,在我国的沿海地区出现了地方性海洋教育的课程以及海洋研学基地建设等海洋教育的地方实践。正是在此背景上,通过梳理海洋教育研究历史文献资料,《2020年中国海洋教育研究回顾与展望》得出了我国海洋教育研究的基本状况是:海洋教育研究成果产出不多,学者对海洋教育的关注度不高,从事海洋教育相关研究的人员较少;研究者发表成果的刊物较为集中,大多在几个涉海期刊和涉海大学的学报上,学术期刊对海洋教育的关注度较低;研究者多是涉海高校教师与沿海中小学教师,内陆研究者给予的关注较少。这些结论都是很中肯的。

(二)涉海文艺

如果说海洋教育是一个民族海洋意识的培养、海洋文化发展的根本;那么,涉海文艺就是海洋文化的花朵,涉海文艺创作的多寡以及创作中所表现出来的海洋意识程度就反映了一个民族海洋文化的发展情况。回顾历史,中国文艺创作中的海洋情结大致可分两类。一类是虚构的海洋作品,创作者站在农耕文化角度想象海洋,因海洋的神秘和不可抗力,把一切怪诞事情的想象都集中在海上,把海洋形象塑造得光怪陆离;另一类是纪实的海洋作品,反映了海洋族群真实的生活和中国真正的海洋文化基因,然而由于中国的海洋族群及其文化在历史上长期处于被忽视的地位,此类作品一直未能成为文艺创作的主流。中国涉海文艺作品对海洋文化的精神积累与张扬都是远远不够的,它们尚未构成"海洋文艺"这一学科门类,称为"涉海文艺作品"更为妥当。

《2020年中国涉海文艺创作报告》将涉海文艺创作分为涉海文学、涉海绘画、涉海影视、涉海音乐、涉海舞蹈五个方面。报告总结得出了中国涉海文艺创作的发展规律:一是从作品的数量来看,涉海文艺作品从古至今逐渐增多,呈良性发展的态势;二是从主体的创作意识来看,中国涉海文艺经历

了一个从随缘性到自觉性的过程；三是从创作者来看，参与创作的作家、艺术家逐渐增多，并且业余创作者占比在 20 世纪 90 年代之后明显加大；四是从外部因素来看，国家的海洋战略、海洋政策对涉海文艺发展有明显影响；五是从发表平台和传播渠道来看，近十几年，网络和自媒体的发达使得涉海文艺创作活动更加活跃。

由于长期以来中国主流的农耕文明对海洋的忽视和打压，中国海洋文明较少进入以文字记载的主流文化传承之中，大多通过民歌民谣、戏曲话本等形式在东南沿海地区民间流传。古往今来，中国沿海地区诞生了无数的民间文艺作品，这些作品作为当地民众抒发内心情感的载体，反映了海洋族群丰富的生产生活内涵，体现了海洋文化的风格和特色；另外，流转至今的民间文艺作品大多经过长时期、大范围的传播，通过不断地选择、加工，形成的每一件作品均是海洋族群民众的智慧和思想的凝结。中国东南沿海海洋族群的民间文艺遗存有着巨大的艺术和文化价值，是今天了解海洋族群历史传承的一大途径，也是研究和发掘中国海洋文化基因的重要宝库。

2019 年出版的《海神的肖像：渔民画考察手记》记录和展示了民间海洋传承文艺融合了现代绘画技艺之后所产生的新的艺术形式——渔民画。渔民画兴起于 20 世纪 70 年代末的舟山群岛，由长居当地的渔民画家所创作，上可以追溯到明清时期的船绘、神像、纹样等文艺元素，下接续了渔民群体的日常生产生活。据书中介绍，舟山渔民画兴起的背景是 1983 年的全国农民画展，此后在文化部门多次表彰和扶持下，得以就此发展至今。由此可以看出，海洋文艺创作在滨海地区的民间仍有深厚的文化积累，在适当的条件下能够焕发出新的生机和活力。

（三）海洋体育

文化产业以"文化"为核心内容，海洋文化产业通过文化的产业化，实现了文化的经济价值的转化。滨海旅游业是我国海洋经济和海洋文化产业中的支柱产业，集健身运动、休闲娱乐、观光旅游于一体的海洋体育是滨海旅游业的重要组成部分，其不仅产业潜力巨大，而且在展现敢于冒险、搏击风浪的海洋精神方面也有着自己得天独厚的优势。

《中国海洋体育运动的现状与展望》立足于产业一线，梳理了我国海洋体育运动机遇与挑战并存的实际情况：一是市场规模不断扩大；二是产业融合趋势愈加清晰；三是具有代表性的行业协会功能强化；四是海洋体育赛事供给逐渐丰富；五是顶尖运动员实力凸显。未来也期待海洋文化能够更好地为海洋体育赋能。

（四）海洋宣传日相关系列活动

我国于 2008 年首次开展了全国海洋宣传日活动，当年确定的海洋日时间是每年的 7 月 18 日。该活动在全国范围内掀起了关注海洋、保护海洋的热潮。2010 年起，全国海洋宣传日正式定在每年的 6 月 8 日，与"世界海洋日"同期。2020 年 6 月 8 日，第十二个"世界海洋日"暨第十三个"全国海洋宣传日"活动举办，海洋日已成为一个我国宣传海洋事业发展、弘扬海洋精神、传播海洋文化、普及海洋知识、提升民族海洋意识的重要平台。海洋日带动了一系列涉海活动的开展。2020 年，许多活动已经进入十年。今年，我们重点回顾了"年度海洋人物"评选和"全国大中学生海洋文化创意设计大赛"两项活动的十年概况，对活动发展轨迹和举办经验进行了总结。

"年度海洋人物"评选活动于 2010 年由原国家海洋局联合有关媒体启动，由国家海洋日活动组委会主办。"年度海洋人物"评选活动通过网络评选、评委会初评和评审会终评等程序，评选出 10 名（组）"年度海洋人物"；评选活动在"6·8 海洋日"主场中揭晓并举行颁奖仪式，这个节目是每年海洋日主场活动的重要环节。2010 年至 2019 年十年间，活动共评选出 93 名（组）"年度海洋人物"，均为我国海洋事业发展进程中涌现出的优秀代表。他们是我国海洋事业建设中的英雄、楷模，借由网络这一大众平台，向全社会展现了海洋领域的魅力与风采。十年的坚持，使得"年度海洋人物"评选活动成为我国海洋事业宣传、海洋精神传承的一块金字招牌。据《"年度海洋人物"十年评选分析报告》总结，评选活动十年间体现出以

下几个特点：一是获奖人的覆盖面逐年拓宽；二是评选规则日趋完善；三是活动影响力稳步提升。十年发展，体现了评选活动顺应潮流、与时俱进的过程。

"全国大中学生海洋文化创意设计大赛"于2012年启动，由原国家海洋局宣传教育中心、中国海洋大学、中国海洋发展基金会、原国家海洋局北海分局共同举办，是全球唯一以海洋文化为主题的公益设计大赛，也是"世界海洋日暨全国海洋宣传日"的主要活动内容之一。活动迄今为止已经举办九届，征集作品数量逐年增加，作品质量全面提升，创意设计领域不断拓展。参赛高校累计1500余所、中学290余所，覆盖国内所有省份和港、澳、台地区，另外还有部分国外高校的学生参赛，共收到参赛作品约120000余件。在比赛之外，参赛作品还以"海洋文化创意设计丛书"、媒体刊载、巡回展览、文创产品等形式进行了二次传播，扩大了活动的影响力，保证了活动之外的延续性。

"年度海洋人物"评选和"全国大中学生海洋文化创意设计大赛"等活动的十年坚持，丰富了全国海洋宣传日的内涵，带动海洋文化建设落到了实处。

三　2020年中国海洋文化发展问题与展望

综观2019年中国海洋文化发展的状态，海洋文化的发展已经引起各级地方政府与教育机构的重视，具体表现在海洋文化活动、海洋文化研究与海洋文化产品的数量上。同时，我们也看到现阶段我国海洋文化发展的限制性因素：制度安排与人力资源的短缺。我们知道，在制度安排上，"海洋文化"的"管辖"一直在宣传部门与海洋部门之间摇摆；其结果经常是两个部门都将之边缘化。而在教育领域，海洋文化难以获得学科地位，或许在不远的将来、全民族的海洋意识到了一定的阶段之后，专属的"海洋文化"知识终将消融到其他人文学科以及海洋意识之中；但是，在现阶段，对包括全面海洋意识在内的中国海洋文化的培养是必要的战略性的工作。与制度安排相伴生的是海洋文化的人力资源的严重不足。首先是数量上的不足。海洋文化相关人才散布在历史学、社会学、人类学等领域，暂未形成系统的培养体系。其次是质量上的不足。现有海洋文化相关从业人员是在旧有的知识体系中成长起来的，对海洋的认识大多停留在自然的层面上，对人文层面的海洋认识有限，或是受到传统陆域思维的掣肘，难以正确看待人海关系。由此看来，2020年中国海洋文化发展的当务之急，在于加强海洋文化人才的培育。其措施表现为以下几个方面。

第一，推进海洋文化学科体系的建设。基于高校海洋文化专业缺失的现况，建议依托和整合现有的地方性海洋文化研究所、海洋史研究中心等研究团队的力量，尽快创建海洋文化本科专业，为海洋文化的发展输送专业性人才。

第二，推进海洋综合性大学的建设。加快深圳海洋大学的建设，加大对青岛的中国海洋大学、广东海洋大学、浙江海洋大学、大连海洋大学、江苏海洋大学等现有海洋大学中海洋人文社会科学领域的扶持力度，建立好海洋文化人才的培育基地。

第三，挖掘民间海洋文化人才。参考舟山渔民画发展模式，鼓励今天仍然以海为生的中国海洋族群把潜藏在日常生活中的海洋文化元素以可传播、有影响力的形式固定下来，并通过组织培训活动等工作，帮助民间海洋文化人才提升自身的专业化水平。

分 报 告

Topical Reports

B.2
2020年中国海洋教育研究回顾与展望

朱信号*

摘　要：　本报告通过梳理海洋教育研究历史文献资料，从总体现状、
概念、内容体系、调查与比较研究、实践研究等方面分析介
绍了我国海洋教育研究的基本状况，并从2019年学术论文和
重要学术会议资料着手，分析总结了2019年我国海洋教育研
究的最新进展：概念内涵进一步聚焦、历史研究得到拓展、
学科理论研究再迈进、国际化进一步增强及对中小学海洋教
育研究进一步聚焦等。本报告在对当前海洋教育研究分析评
价的基础上，从外在条件支撑与内在聚焦和突破两个层面提
出了进一步的发展建议：外在条件支撑方面，需要聚集一批
致力于开展海洋教育研究的研究者，构筑海洋教育研究者的

＊　朱信号，中国海洋大学高等教育研究与评估中心编辑，主要研究领域：高等教育、海洋教育
研究。

平台与阵地及获取研究项目支撑;内在聚焦与突破方面,应加强学科交叉研究、比较与借鉴研究、实证研究,进一步开展海洋教育实践活动等。

关键词: 海洋教育　教育学　国际化　历史

海洋教育并不是一个陌生的概念或活动,从人类见到海洋就有着认识海洋和与海洋互动的行为,就存在着海洋教育的活动。早期的海洋教育活动是"无意识的",真正开始从人海关系的层面较系统地开展海洋教育的活动,则是近年随着海洋科技的发展与人们对海洋认识的深化才逐步实施的。随着海洋科技的发展以及海洋生态、海洋伦理、海洋环保、海洋社会、海洋文化等理论的建立与深化,人类对海洋的理解与认知水平大大提升,海洋教育从此进入了一个新的阶段。海洋教育不仅仅是海洋知识的学习和以索取为目标的对海洋的开发、利用,还应该培养人与海洋和谐共生的人海关系。人海关系阶段下的海洋教育,内涵更丰富,理论体系与知识体系更综合,理论与实践研究的需求更强烈。

在人海关系阶段下,随着我国海洋强国战略的持续推进,海洋教育实践的较广泛开展,越来越多的研究者开始关注、分析、研究海洋教育,给海洋教育下定义,探索海洋教育的理论架构和知识体系,提出构建海洋教育学。"海洋教育"一词开始从口语化的使用逐步过渡到,在海洋教育研究中被探究、规范和定义后的,学术研究领域的使用。总之,近年来,我国海洋教育的理论研究与实践都取得了一定程度的进展。为了更好地了解我国海洋教育研究现状,推动海洋教育学术化进程,促进海洋教育理论与实践的结合,有必要对我国海洋教育研究进行回顾与展望。

一　海洋教育研究历史回顾——基于文献的分析

以海洋教育为主题词,通过检索"中国知网"等学术数据库历史文献

资料，从海洋教育研究的总体现状、概念、内容体系、调查与比较研究、实践研究等方面回顾了我国海洋教育研究的进展。

（一）海洋教育研究总览

在中国知网上以"海洋教育"为主题词进行检索共有 980 余篇中文文献，这些文献主要涉及海洋意识、海洋强国、海洋高等教育、海洋经济以及海洋文化等相关主题。从文献的数量来看，1998～2007 年都在 20 篇左右，从 2007 年开始，文献数量整体呈现了上升趋势，2015 年达了最高的 124 篇，其他年份都稳定在 80 篇左右。从总体来看，论文主要发表在《航海教育研究》《海洋世界》《海洋开发与管理》《中国海洋大学学报（社会科学版）》《宁波大学学报（社会科学版）》《浙江海洋大学学报（人文科学版）》《高等农业教育》《教学研究》等这些少量期刊上；文章作者主要是中国海洋大学、浙江海洋大学、上海海洋大学、大连海事大学、宁波大学等涉海高校的教师和部分沿海中小学教师与教育管理者；研究区域主要集中在青岛、宁波、舟山等沿海地区；文章的篇幅相对都较短小，系统深入研究的较少，相关硕士学位论文只有寥寥几篇，如《我国海洋环境教育体系探讨》《我国海洋教育政策分析》《论海洋意识教育在高中历史教学中的实践》《青岛市中小学海洋教育研究》等。

总的来说，海洋教育研究成果产出不多，学者对海洋教育的关注度不高，从事海洋教育相关研究的人员较少；研究者发表成果的刊物较为集中，大多发表在几个涉海期刊和涉海大学的学报上，学术期刊对海洋教育的关注度较低；研究者多是涉海高校教师与沿海中小学教师，内陆研究者给予的关注较少。当然，从纵向的比较来看，海洋教育研究成果的数量呈现了逐年上升的趋势，研究的内容也在逐步铺开，理论与实践进一步结合；学者对海洋教育的关注度正在提升，逐步形成了一批较为稳定的关注海洋教育的研究者。

（二）海洋教育概念的研究

海洋教育的概念最初只在特定语境下使用，即是一个"海洋前词＋教育"的形式，如海洋科学教育、海洋权益教育、海洋环境教育等。在长期使用的过程中，海洋教育的概念逐步形成与完善，其内涵和外延逐步呈现与发生变化，部分学者亦试图给海洋教育及相关概念下定义，以期海洋教育的研究能够更加规范、系统与深化。

"海洋与教育"两个词的结合使用最早是在高等教育的海洋科学教育中，主要是指高等的海洋科学（科技）教育，如 1988 年山东海洋学院（现为中国海洋大学）举行亚太地区大学海洋科学教育大纲研讨会的报道。[①] 由于早期"海洋与教育"结合使用较少，海洋教育也时有直接替代高等的海洋科学（科技）教育使用。随后的文献中，"海洋与教育"开始在海洋观教育中使用，如 1991 年有学者提出加强海洋权益意识教育[②]、1992 年有学者提出在中小学中加强"海洋国土"观念的教育[③]，这时"海洋与教育"两个词的结合使用从高等教育领域逐步拓展到中小学及公众的教育中。这种结合形式随着时代的发展、教育内容的丰富又出现了更多地使用，如海洋资源教育、海洋意识教育、海洋环境教育等；同时为了特定海洋教育在高校中的使用，又有了海洋高等教育、高等海洋教育等词的使用，如 1998 年关于浙江高等海洋教育发展[④]的研究，文中高等海洋教育主要还是指代海洋科学教育。中国知网可查的最早直接使用海洋教育这个词的是 1998 年《面向未来的海洋教育》[⑤] 一文，文中虽然使用"海洋教育"这个词，但内涵上与我们现在所使用的仍有较大差异，主要还是指海洋权益（国土）教育。

2000 年以后，随着海洋观教育、海洋意识教育、海洋文化教育及海洋环境教育的研究逐步增多，开始有学者探讨"海洋教育"一词的使用，海洋教育的内涵进一步更新，有了聚焦与丰富。如 2007 年黄建钢在论述国家

① 李天明：《亚太地区大学海洋科学教育大纲研讨会在海洋学院举行》，《海洋湖沼通报》1988 年第 1 期。
② 黄耀利：《加强海洋权益意识教育》，《国防》1991 年第 2 期。
③ 陈国新：《在地理教学中要加强"海洋国土"观念的教育》，《中学地理教育参考》1992 年第 3 期。
④ 佘显炜、吴中平：《浙江高等海洋教育发展研究》，《浙江水产学院学报》1998 年第 2 期。
⑤ 胡志刚：《面向未来的海洋教育》，《中学地理教育参考》1998 年第 4 期。

海洋战略中的教育战略时认为"海洋教育就是对国民进行海洋意识、知识和能力的教育"①，这时海洋教育的内涵有了明显放大，不再单纯地指某一种特定海洋教育。2010 年马勇等在研究海洋跨学科教育时，把海洋教育作为海洋跨学科教育的前词，定义为："海洋教育是指由施教者对人进行的有关海洋自然特性认识、社会价值形成以及由海洋知识（意识）到人的海洋行为等素质要素组成的海洋素质的培养活动。"② 2011 年申天恩等在研究海洋高等教育时同样把海洋教育作为海洋高等教育的前词下了一个定义。"海洋教育是探讨与海洋相关的人、事、时、地、物所交织而成的教育活动，与乡土教育、环境教育密切相关，其内涵同时包括自然与人文。"③ 2012 年马勇从人海关系的视角再次探讨了海洋教育的基本概念："狭义海洋教育即学校海洋教育，是指由学校教育者有目的、有计划、有组织地对受教育者施以有关海洋自然特性与社会价值认识、海洋专业能力以及由人的海洋知识（意识）、海洋道德与人的海洋行为等素质要素构成的海洋素养的培养活动。"④ 目前此概念得到了较多的认可和引用。2017 年季托等从系统思维的视角出发，从海洋"生""和""容"的精神视角，论述了海洋教育的内涵和外延。⑤ 2018 年刘训华从学科的视野、受众的视野界定了海洋教育，认为"海洋教育是指以人为中心的对海洋内容的传播与接受，涉及海洋知识、技术、文化、资源、意识等五位一体的内容传播活动"。⑥ 学者通过频繁探讨海洋教育的概念，增强了对海洋教育的认识，促使海洋教育的理论研究进一步深化。

---

① 黄建钢：《论"中国国家海洋战略"——对一个治理未来发展问题的思考》，《浙江海洋学院学报》（人文社科版）2007 年第 1 期。
② 马勇、朱信号：《试论我国海洋跨学科教育及其发展趋向》，《中国海洋大学学报》（社会科学版）2010 年第 2 期。
③ 申天恩、勾维民、赵乐天：《中国海洋高等教育发展论纲》，《现代教育科学》2011 年第 11 期。
④ 马勇：《何谓海洋教育——人海关系视角的确认》，《中国海洋大学学报》（社会科学版）2012 年第 6 期。
⑤ 季托、武波：《系统思维视角下海洋教育的内涵与外延》，《教学研究》2017 年第 4 期。
⑥ 刘训华：《论海洋教育研究的学科视域》，《宁波大学学报》（教育科学版）2018 年第 6 期。

从海洋教育概念定义来看，学者们首先达成了一个重要共识，即明确了目前的海洋教育已经不仅仅是单纯的海事教育、渔业教育等海洋专业学科教育，而是涉及海洋知识（通识）教育、乡土教育、环境教育、文化教育和意识培养教育等方面内涵更丰富、外延更宽广的海洋相关教育。海洋教育正在上升到一个和"陆地教育"相对等甚至超越的概念，从而进入研究者、实践者的视野。从马勇关于海洋教育的定义来看，基本反映了以下内容：海洋教育的对象是人，这是基于教育学的基本定义；海洋教育的内容是海洋，这里海洋指的是与海洋相关的一切事物，包括与海洋科学和海洋人文相关的一切事物；海洋教育的目标是培养具有海洋素养的人。同时我们也应认识到海洋教育是随着人认识海洋、开发海洋及海洋对人的影响的变化而发展变化的，海洋教育的概念体现着这种变化，海洋教育概念不仅要体现人类认识海洋、开发海洋、管理海洋的行为，更要体现人对海洋的尊重、保护与共荣共存、和谐相处。

（三）海洋教育的内容体系研究

在对海洋教育概念认识的基础上，学者亦从各自的角度研究了海洋教育的内容体系。海洋教育概念的内涵随着人们对海洋及对人海关系认识的深化而变化，海洋教育的内容体系也随着这种认识不断地深化和完善。最初的海洋教育内容体系是海洋科学内容体系，现如今逐渐发展到与政治、经济、科技、人文等相融合的较全面的内容体系。

1994年第49届联合国大会要求各国普遍开展海洋宣传教育活动，重点内容为海洋综合管理、海洋资源的开发利用和海洋环境保护。2000年原国家海洋局通过设立"全国海洋观教育基地"开展海洋意识教育，主要包括海洋国土、海洋经济和海洋资源与环境等教育内容。2001年蔡科丽论述的海洋教育内容包括海洋国土、海洋资源、海洋自然环保、海洋减灾、海洋防卫（军事）等。[①] 2002年邬国祯总结了舟山以海洋国防、海洋气象、海洋

[①] 蔡科丽：《在初中地理教学中渗透海洋教育》，《教育导刊》2001年第8期。

环保、海洋科技、海洋经济、海洋历史、海洋地理、海洋文学、海洋美术、海洋音乐、海洋劳技为教育内容的海洋教育。① 2002 年李典友把海洋国情教育内容体系归纳为海洋权益形势教育、海洋主权意识教育、海洋资源教育与海洋环境和生态保护教育四个方面。② 2005 年宋键等提出地理教学中应包括海洋国情、海洋资源、海洋法权、海洋道德四个方面的教育内容。③ 2010 年吴青林从海洋意识培养的角度，提出了海洋国土、主权、资源、强国、安全、通道、生态七个方面的教育内容。④ 2012 年马勇认为人－海多重关系赋予了海洋教育丰富多样的教育内容，人－海的生态关系为海洋教育提供充足的海洋自然科学知识；人－海的经济关系、政治关系、文化关系、伦理关系、军事关系、管理关系等则为海洋教育提供海洋哲学与人文社会科学知识。⑤ 2014 年李明秋以课堂教学为切入点，从海洋文化教育的角度出发，认为海洋教育内容包括海洋国土主权、海洋战略、海洋通道安全、海洋资源、海洋生态。⑥ 2016 年徐朝挺提出了"五大模块、二十个主题"海洋教育内容体系，即海洋资源与保护（海洋生物资源、非生物资源、海洋环保与法政）、海洋自然与科学（海洋物理与化学、地理、气候、应用科学）、海洋经济与社会（海洋渔业、食品与加工、休闲旅游、物流、生物与科技）、海洋历史与文化（海洋历史、文学、艺术、民俗与祭奠）、海洋军事（海洋国土、海军、武器、海战）。⑦

目前来看海洋教育内容体系的框架逐步建立，从纵向看，海洋教育已经

---

① 邬国祯：《舟山海洋意识教育特色独具》，《海洋世界》2002 年第 8 期。
② 李典友：《关于海洋国情教育几个问题的探讨》，《安徽农业大学学报》（社会科学版）2002 年第 2 期。
③ 宋键、金秉福、张云吉：《〈联合国海洋法公约〉对我国海洋地理教育的新要求》，《海洋开发与管理》2005 年第 5 期。
④ 吴青林：《大学生海洋意识及其教育的思考》，《理论与观察》2010 年第 2 期。
⑤ 马勇：《何谓海洋教育——人海关系视角的确认》，《中国海洋大学学报》（社会科学版）2012 年第 11 期。
⑥ 李明秋：《构建蓝色海洋意识的"海洋文化"教育课堂研究》，《河北农业大学学报》（农林教育版）2014 年第 1 期。
⑦ 徐朝挺：《现代海洋教育内容体系建构与区域推进策略》，《上海教育科研》2016 年第 3 期。

从早期的以海洋科技为主要教育内容，逐步发展为以海洋科技、海洋政治、海洋经济、海洋人文为主要内容的较全面的内容体系。从横向的比较来看，海洋教育的内容体系从对海洋政治、海洋经济、海洋科技、海洋人文的认识逐步发展到人与海洋的政治、经济、科技、人文关系和人与海洋各方面的相互关系与影响层面。同时，在海洋教育的实践过程中，海洋教育的内容应因地、因人制宜，应结合区域特点、历史传统、师资情况等有所取舍、有所选择。

（四）海洋教育的调查与比较研究

1. 调查研究

我国海洋教育起步较晚，对海洋教育的调查研究资料相对较少。2003年闫茂华等从海洋知识、海洋意识、海洋预期行为三个方面，对连云港师范高等专科学校 572 名学生进行了蓝色国土意识情况的调研，得出学生海洋知识匮乏、海洋预期行为不高的结论。[1] 2006 年李华等从海洋权益和海洋环境知识两个方面，对广州大学 850 名大学生进行了调查，得出大学生海洋权益和海洋环境知识总体较弱的结论。[2] 2012 年王新刚等对河北省三所高校学生进行了海洋意识调查研究，得出大学生海洋意识偏弱的结论。[3] 2015 年沈丹丹对杭州 210 名（其中海洋专业 70 名）大学生开展调查，得出大学生海洋意识水平不高的结论。[4] 苏萍从海洋常识、海洋权益意识、海洋资源意识、海洋环境意识和高中生参与海洋相关课程的情况五个方面，对威海市第四中学 580 名学生进行了调查，得出学生海洋常识整体比较匮乏、海洋权益意识十分强烈、较为关注海洋资源开发、海洋环境

---

[1] 闫茂华、杨丽丽等：《蓝色国土教育的调查报告》，《连云港师范高等专科学校学报》2003年第 3 期。

[2] 李华、姚泊等：《大学生海洋权益和海洋环境知识调查及分析》，《海洋开发与管理》2006年第 6 期。

[3] 王新刚、王丽玲等：《大学生海洋意识教育现状调查研究》，《长春教育学院学报》2012 年第 1 期。

[4] 沈丹丹：《大学生海洋意识教育工作调查研究》，《长沙民政职业技术学院学报》2015 年第 4 期。

危机意识强烈的结论。① 朱向阳从个人对待与接受海洋知识的态度、学习海洋知识的途径以及对海洋知识的了解程度等方面，对 588 名高中学生和 12 名地理教师进行调查，得出学生海洋主权意识强烈、海洋知识储备贫乏、认识还停留在表层、教师的素质和知识储备会给学生带来很大的影响等结论。②

海洋教育的调查研究随着对海洋教育的认识逐步深化，从单一内容调查向全面内容发展，调查不仅关注沿海地区，而且开始关注内陆地区。调查的手段基本是采用调查问卷和访谈的形式，问卷主要是根据自己的理解编制；从调查的结果来看，主要结论是海洋意识（除了海洋权益意识）总体薄弱。

2. 比较研究

海洋教育在国外开展较早，积累了一些经验，国内学者对欧美与亚洲一些国家的海洋教育进行了一些介绍与比较研究。秦东兴等评介了日本的海洋教育，日本中小学主要是利用特别活动课、综合学习时间进行海洋教育，比较注重体验式的海洋教育；海洋类职业高中或大学开设海洋教育讲座或体验活动；日本海洋教育没有统一的教材、开展形式是因时因地开展，并且大学和海洋学会对海洋教育起到帮助作用。③ 崔爱林等研究了澳大利亚海洋教育的开展途径，包括调整与海洋相关的专业及课程、依托科研机构进行海洋研究、在中小学开展海洋生态环境教育、在社区开展各种海洋教育活动等。④ 郭景朋等介绍了美国卓越海洋教育网络的组成和主要工作，介绍了卓越海洋教育中心的目标、使命和愿景。⑤

① 苏萍:《高中生海洋意识现状及对策研究——以威海市第四中学为例》，华中师范大学硕士学位论文，2015。
② 朱向阳:《乌鲁木齐高中学生海洋意识现状调查与对策研究——以乌鲁木齐八一中学和新疆师大附中为例》，新疆师范大学硕士学位论文，2015。
③ 秦东兴、王晶晶:《日本中小学海洋教育评介》，《世界教育信息》2017 年第 3 期。
④ 崔爱林、赵清华:《澳大利亚的海洋教育及其启示》，《河北学刊》2008 年第 2 期。
⑤ 郭景朋、王雪梅:《美国卓越海洋教育中心简介》，《海洋开发与管理》2010 年第 10 期。

可见，目前已经有了一些亚洲和欧美等国的海洋教育的比较研究，描述了国外海洋教育的体系和实施方式，提出了我国开展海洋教育过程中需要借鉴之处。当然也可以发现，这些比较研究主要是以实践层面的简单介绍为主，还缺少理论层面的深入分析。

（五）海洋教育的实践研究

海洋教育的实践目前主要从以下三个方面开展。第一，以海洋教育基地建设为纽带的海洋教育实践。如，2000年原国家海洋局与中国海洋大学共建"全国海洋观教育基地"，对青少年学生、全军部队指战员及全国人民开展广泛的海洋观的教育和宣传；2011年广东海洋大学建立"全国海洋科普教育基地——广东海洋大学卫星遥感地面站"和"全国海洋科普教育基地——广东海洋大学水生生物博物馆"；2012年福建省在省海洋文化中心设立"全国海洋意识教育基地"；等等；第二，以海洋教育集中活动为纽带的海洋教育实践。如，2008年原国家海洋局开始举办"全国海洋知识夏令营"，有近20个省、自治区、直辖市，30多所学校近700多名学生参加；2011年中国海洋大学在青岛举办"2011海洋教育国际研讨会"，讨论海洋人才培养、全国全民海洋教育的开展；2014年北京举办了北京市青少年海洋知识竞赛，开展海洋知识的宣传教育；等等；第三，以海洋特色学校建设为纽带的海洋教育实践。如青岛同安路小学作为海洋特色学校，开展以"蓝色的海洋我们的家"为主题的海洋社团活动，通过绘画、手工制作等展示海洋知识与开展海岛科考活动；浙江台州桔园小学海洋教育进课堂，编有校本教材《走进海洋》，开展海洋社团、海洋书画比赛、海洋知识广播、海洋教育周等各种活动；等等。

对海洋教育的实践的研究主要集中在报道活动的开展，对其进行分析研究得不多，仅有少量学者研究了学校海洋教育的开展情况。如2005年陆安在《青岛市中小学的海洋教育现状及发展对策》一文，总结了青岛市中小学的海洋教育，是以课堂为主、学科渗透为主要开展模式；研究性学习活动成为海洋教育的极好载体；海洋教育使得大量富有教育价值的课程资源得到

开发。①

　　建设海洋教育基地，开展海洋教育集中活动和设立海洋教育特色学校是目前我国海洋教育的主要实施方式。建设海洋教育基地的实施方式，教育形式直观生动、教育对象覆盖面广泛；开展海洋教育集中活动的实施方式，可以实现特定人群的集中教育活动，引发教育对象短期集中关注；设立海洋教育特色学校的实施方式，可以实现长期、稳定、系统的海洋教育，更有利于中小学生海洋素养提升。

二　2019中国海洋教育研究新进展

　　2019年有多篇海洋教育研究论文发表，主要涉及海洋教育理论探讨、海洋教育学科构建、海洋教育组织建设与国际化、海洋教育比较研究及中小学海洋教育实践探索等方面。同时以海洋教育为主题的多项海洋教育学术交流活动得以开展，以"海洋教育的理念与行动"为主题的2019海洋教育国际研讨会暨亚洲海洋教育者学会学术会议（以下简称"2019海洋教育国际会"）在青岛召开，"2019海峡两岸海洋教育教师交流活动"在青岛举办，宁波大学海洋教育研究中心与亚洲海洋教育者学会学术委员会开始联办《海洋教育研究通讯》等。这些研究成果的发表与学术活动的开展，基本呈现了2019年我国海洋教育研究的进展情况，推动了我国海洋教育在理论与实践层面的发展。

（一）海洋教育概念内涵研究再聚焦

　　海洋教育的概念是海洋教育学界与实践者一直关注与探讨的问题，主要原因有二，一是海洋教育尚处在起步阶段，何谓海洋教育是海洋教育研究者与实践者必须面对的问题；二是基于海洋教育自身的多学科性、发展性，海洋教育内涵是随着认识与研究的深入而不断深化的，海洋教育的概念需要在

---

　　①　陆安：《青岛市中小学海洋教育现状及发展对策》，《海洋开发与管理》2005年第3期。

研究与实践中逐步形成共识。

2019年亦有学者对海洋教育概念进行再探讨。如钟凯凯在《海洋教育概念探讨》一文中，通过对海洋与教育词根探源和海洋教育的形成过程进行分析，探讨了海洋教育的发展性内涵；其认为海洋教育概念的内涵"处在不断的充实和发展中，尚未完全结构化"[①]，未直接给出海洋教育的定义。季托等在《从"海洋教育"到"海洋教育学"》一文中，认为"海洋教育不仅是海洋知识和技能的传播，而且向公众传递海洋生生不息、包容万物、和谐共生的精神理念，是人们关心海洋、认识海洋、经略海洋的系统观和生态观的培养和形成过程"[②]。上文提到马勇从人海关系的视角论述广义的海洋教育概念是目前引用较多的概念，而叶龙在《全球海洋教育的发展新路径与趋势——走向海洋文化教育》一文中则认为这个概念"不能准确表达当前海洋教育发展或者改革的模式"，即未能体现 Ocean Literacy，即其文中翻译为海洋文化教育，并引用了美国学者卡瓦（Cava）等对海洋文化（Ocean Literacy）的定义即"对于海洋对人的影响以及人对海洋影响的认知理解"。[③] 马勇在"2019海洋教育国际会"作了题为"从海洋意识到海洋素养——中国海洋教育目标的更新"的报告，这里提到的海洋素养同样是英文 Ocean Literacy，所以，两人基于海洋教育培养目标的海洋教育认识的来源及探讨并无太大区别。目前我国大陆与台湾的学者大都将 Ocean Literacy 翻译为海洋素养，海洋素养更贴切概念的目标内涵，同时 maritime culture 在海洋文化研究中翻译为海洋文化，如果 marine literacy 也翻译为海洋文化，在汉语中难以区分。马勇在报告中进一步强调了海洋教育的培养目标即海洋素养，并给出了海洋素养的构成：海洋知识、海洋情感、海洋道德、海洋意识和海洋行为，其认为，海洋教育过多强调海洋意识培养会使海洋教育目标

---

① 钟凯凯：《海洋教育概念探讨》，《浙江海洋大学学报》（人文科学版）2019年第6期。

② 季托、武波：《从"海洋教育"到"海洋教育学"》，《浙江海洋大学学报》（人文科学版）2019年第6期。

③ 叶龙：《全球海洋教育的发展新路径与趋势——走向海洋文化教育》，《现代教育科学》2019年第8期。

窄化。

2019 年对海洋教育概念内涵的探讨,仍然是在既有基本共识之上的讨论,即海洋教育不仅仅是海洋知识的学习和以索取为目标的对海洋的开发、利用,还应该培养人与海洋和谐共生的新型人海关系;这种海洋关系是随着人对海洋的认知而发展的,这种海洋关系更关注人与海洋的"情感"关系。另外关于海洋意识和海洋素养的使用远未达成共识,特别是我国官方文件更强调对海洋意识的使用,如《全民海洋意识宣传教育和文化建设"十三五"规划》。再如,北京大学建有国民海洋意识发展指数课题组,并把海洋意识划分为:海洋自然意识、海洋经济意识、海洋文化意识、海洋政治意识。

(二)海洋教育历史研究再延伸

目前我国尚未有对海洋教育历史的专题研究,对海洋教育历史的探索主要还是散见于海洋科学教育方面。我们目前关注的海洋教育,是 1988 年联合国教科文组织(UNESCO)将海洋教育分为专门性科学教育与普通海洋科学教育后开始逐步形成的,是以培养海洋素养为核心目标的海洋教育,因此,研究者对海洋教育史并未给予一定的关注。2018 年刘训华提出构建"海洋教育学",而海洋教育史必然是"海洋教育学"的一个重要研究领域。其认为"中国海洋教育史可以按照年代分为先秦、秦汉魏晋南北朝、隋唐五代、宋元、明清、中华民国、中华人民共和国时期"。海洋教育史的研究或将丰富海洋教育内涵,在海洋教育中体现更多的中国元素与中国思想。

2019 年占小飞《张其昀的海洋教育思想——以〈新学制人生地理教科书〉为中心》一文,梳理了张其昀海洋教育思想特色,"把海洋放入人海协调观的视野下去考察;在世界文化中心的变迁中去理解海洋对人类文明的意义;强调海港对当时中国的现实意义"。[①] 文中可见中国近现代学者的海洋教育思想与现代海洋教育理念的融通之处,为我们今后开展海洋教育史的研

① 占小飞:《张其昀的海洋教育思想——以〈新学制人生地理教科书〉为中心》,《宁波教育学院学报》2019 年第 3 期。

究提供了更多"遐想"的空间。我们可以进一步挖掘与梳理中国古代史书中与海洋教育相关的素材，古代教育家、文学家、地理学家的海洋教育理念；也可以研究探讨近现代海洋科学家、教育学家有关海洋与海洋教育的思想。

（三）向"海洋教育学"再迈进

实现海洋教育的"学科化"，构建"海洋教育学"，是近年海洋教育学者才开始提出的发展目标。至 2018 年刘训华发表《论海洋教育研究的学科视域》提出构建"海洋教育学"后，亦有研究者发文提出相关观点，助推海洋教育向"海洋教育学"迈进。

2019 年季托等发文《从"海洋教育"到"海洋教育学"》，从系统论的视角出发，认为从"海洋教育"到"海洋教育学"需要完成三种时空形态的转变：其一，海洋教育完成海洋科学与教育学科一级边缘学科的桥梁架构；其二，从游离于海洋科学边缘的"要素"逐渐组织成为海洋教育系统；其三，形成一个新的学术领域，进而自我建构成为一门学科。[①] 王炳明发文《海洋教育学科发展的几点思考》，探讨了海洋教育学科的发展方向、学科教育的重点内容、学科发展的重点工作三个方面的问题。[②] 李德显等《农耕文化向海洋文化的拓展：我国海洋教育的主体建构》一文，虽然旨在探讨通过海洋教育"破解农耕文化向海洋文化拓展困境"[③]，但也探讨了海洋教育的起源与意义一个重要方面，即海洋教育是对我们长期以土地为核心的农耕文化下的根深蒂固的"重陆轻海"观念的挑战。同样是开展以增进人的海洋素养为目标的海洋教育，在农耕文化和海洋文化不同的历史文化背景下的差异性，或许是我国海洋教育学理论构建中需要关注的一个问

① 季托、武波：《从"海洋教育"到"海洋教育学"》，《浙江海洋大学学报》（人文科学版）2019 年第 6 期。

② 王炳明：《海洋教育学科发展的几点思考》，《宁波大学学报》（教育科学版）2019 年第 4 期。

③ 李德显、孙凤强：《农耕文化向海洋文化的拓展：我国海洋教育的主体建构》，《辽宁师范大学学报》（社会科学版）2019 年第 4 期。

题。"2019海洋教育国际会"作了题为"基于生态系统基础方法的海洋教育调试"（Marine Education Adjustment to Meet Requirements of Ecosystem-based Approach）的报告。虽然报告主要是在海洋科学视域下探讨海洋生态系统教育，但海洋生态系统中关于海洋生物与海洋环境的交互而实现的和谐与平衡的基本理念、以海洋生态系统为基础的方法（以海洋生态系统为基础的方法认识到一个生态系统内存在人类在内的各种相互作用，而不是孤立地考虑单个问题、物种或生态系统服务）都对海洋教育理论的构建有学习和启发意义。海洋生态系统的相关理论、理念与基于人海关系的海洋教育理念应是有相通之处的，人与海洋的关系亦是人与海洋生态系统的关系，是一个关于人对海洋生态系统认识和"融入"的问题。我们可以站在海洋生态系统之外，研究、管理甚至改变海洋生态系统，我们也可以"融入"海洋生态系统之中，亲近、拥抱海洋生态系统，从这个意义上来说，海洋生态系统的相关理论、理念应该是"海洋教育学"的基础理论之一。

至2019年，学者对海洋教育学构建的研究，大都还处在学科构建的宏观体系架构上或架构路径上，缺少具体的学科内容的系统论述，特别是对具体的海洋教育学科理论地探讨。

（四）海洋教育国际化进一步增强

基于海洋教育具有的开放性，不论是知识要素的开放性还是理念的开放性，海洋教育产生、发展都具有明显的国际化特征。海洋教育的研究也应站在"人类命运共同体"的宏观视角下开展。

2019年恰值"2019海洋教育国际会"举办，促使全球海洋教育者有着更广泛的交流与合作。研讨会上美国国家海洋教育者学会海洋素养委员会主席作了题为"利用发展工具围绕世界海洋教育的重要性提高公众理解"的报告；亚洲海洋教育者学会主席作了题为"亚洲海洋教育现状与展望"的报告；美国国家海洋教育者协会主席作了题为"美国国家海洋教育者学会对美国海洋教育的推动与推广的报告"；等等。除了上述国际会议报告，亦有相关比较教育学术论文发表。马勇等研究了欧洲的海洋教育，概述了欧洲国家的海洋教育政策、行动与进展；学校海洋教育和社会海洋教育的类型、内容与方式，成果与经验。① 马勇等研究了韩国的海洋教育，梳理了韩国海洋教育发展的基本政策、基本状况与经验，并从多方面分析了韩国海洋教育活动的可借鉴之处。② 严佳代发表《亚洲海洋教育合作与发展契机》一文，介绍了国际海洋教育发展的基本历程，现有的国际海洋教育组织机构，以及国外关于海洋素养的架构与评估等，并提出通过亚洲海洋教育者学会建立与全球海洋教育者的交流，共同推进未来海洋教育发展的倡议。③

2019 年海洋教育的国际交流与比较研究，让我们更聚焦海洋教育目标下的海洋素养培养。海洋素养是目前全球海洋教育的重要议题，部分欧美国家已经建立起自己的海洋素养架构与评价指标体系。我们目前尚未建立起统一的海洋素养架构与评价指标体系，我国台湾地区目前使用的海洋素养调查问卷，主要是翻译英文版的海洋素养问卷（The International Ocean Literacy Survey，IOLS）而成的。海洋素养内容体系构成既涉及人类共通的海洋科学知识与方法，亦涉及本土化的海洋文化与理念，我们需要在了解和借鉴国外海洋素养架构的基础上，构建中国海洋素养内容体系和评价指标。同时，海洋素养内容体系，特别是内容指标的细化领域，必然涉及大量海洋科学文化知识，这就需要海洋学者与教育学者的共同参与。

（五）中小学海洋教育研究聚焦

海洋教育的研究最终要落脚到海洋教育的实践上，海洋教育的实践探索亦能给海洋教育研究者更多的启示。目前，中小学海洋教育无疑是我国海洋教育实践的主阵地，中小学海洋教育教师在教学实践过程中，也逐步凝练出

---

① 马勇、符丁苑：《欧洲国家海洋教育的行动及启示》，《世界教育信息》2019 年第 13 期。
② 马勇、王欣莹：《韩国海洋教育发展现状及其启示》，《世界教育信息》2019 年第 13 期。
③ 严佳代：《亚洲海洋教育合作与发展契机》，《宁波大学学报》（教育科学版）2019 年第 6 期。

基于区域和所在学校特点的海洋教育特色。

2019 年亦有针对中小学海洋教育探索的论文发表，其中有关于总体发展现状论述的，有关于校本教材分析的，也有关于区域实证研究的。同时举办有海峡两岸海洋教育教师交流活动，来自我国台湾地区和大陆的海洋教育教师介绍了他们对海洋教育的理解和教学中具体的做法。马勇等《中小学海洋教育的进展、偏差及矫正》一文介绍了我国中小学海洋教育的整体进展，分析了教育过程中的缺失与偏差及并提出具体矫正措施。① 刘训华等《海洋校本教材中的综合素养及其实践样式》一文，以海洋校本教材为案例，分析了海洋教育促进学生综合素养培养的应有之义及实现的具体样式等。② 黄源超等《海洋意识教育现状与对策研究——以粤西青少年为例》一文，对粤西地区青少年从自然、经济、政治和人文四个方面进行问卷调查，并得出四个方面海洋意识均薄弱的结论，并进一步提出加强海洋意识培养的举措。③

虽然我国目前中小学海洋教育的实践中存在着一些不足之处，但也不乏一些区域的海洋教育让人眼前一亮，其海洋教育的理念与实践走到了国内外领先的地位。比如"2019 海峡两岸海洋教育教师交流活动"中，青岛市市南区教体局展示了其区域海洋教育特色，将海洋教育提升为全区域的教育理念和教育模式，开展以"海的情感认同程度，客观认知水平和实践应用能力"提升为培养目标的"海商"教育。青岛市的海洋教育目前已经从早期被动的政策推动阶段，逐步转向各区、校结合自身历史传统与资源优势，深度挖掘海洋教育素材、彰显海洋教育主张的主动探索阶段。

我国目前中小学海洋教育尚处在"地区的局部性、学校的部分性、课

---

① 马勇、马丹彤：《中小学海洋教育的进展、偏差及矫正》，《宁波大学学报》（教育科学版）2019 年第 3 期。

② 刘训华、许光亮：《海洋校本教材中的综合素养及其实践样式》，《宁波大学学报》（教育科学版）2019 年第 3 期。

③ 黄源超、张立敏等：《海洋意识教育现状与对策研究——以粤西青少年为例》，《教育观察》2019 年第 14 期。

程的随机性和边缘性阶段",[①] 仅在沿海地区"零星"分布,其在沿海地区尚未形成"片",更勿提从点到片再到面,沿海带动内陆的全局发展态势,因此我们仍需要伴随中小学海洋教育的推进,持续地跟踪与探索。

三　中国海洋教育研究评价与展望

虽然我国的海洋教育经过近年的发展,在理论研究和实践探索上都取得了一定的成果、成绩,但由于海洋教育研究起步较晚、学界关注度较低,整体研究进展并不理想。海洋教育研究在外在条件支撑与内在聚焦和突破上仍有大量工作要做,海洋教育研究领域存在大量空白需要填补,海洋教育的研究与实践任重道远。

(一)海洋教育研究评价

1. 海洋教育研究与实践的总体成果评价

海洋教育已经逐步成为学者关注的一个研究方向,关注的人数逐步增多,关注的面也在逐步铺开。研究成果中有理论的论述、实践的探索、国内的调研及国外的介绍与比较等。有学者持续关注海洋教育并开展研究,有"海洋教育国际研讨会"这种集中的研究与探讨,有关海洋教育研究的硕士学位论文也有较系统地探讨海洋教育。但海洋教育研究方面的问题亦不少。对海洋教育的关注,特别是我国学者对海洋教育的关注是近十几年才逐步形成的。海洋教育的总体研究文献不多,成果亦不丰硕,不论理论方面的研究还是实践的探索,都很难适应海洋大国和进一步的海洋强国的发展需要。关注海洋教育的机关、机构和学者都屈指可数,真正实践海洋教育的机构或学校也比较少。目前研究海洋教育的基本集中在几个沿海的海洋类高校的个别教师,实施海洋教育的中小学也仅在沿海个别城市或个别学校。

[①]　曲金良:《我国中小学海洋教育的现状分析与对策建议》,载李巍然主编《海洋教育新进展——2011海洋教育国际研讨会论文集》,中国海洋大学出版社,2013,第234页。

2. 关于海洋教育的理论研究方面

海洋教育理论的研究需要借助教育学、心理学、政治学、海洋学、历史学、文化学、伦理学等各学科的基础理论逐步深化。目前对海洋教育的概念研究已经逐步从口头的认识过渡到对内涵和外延分析的层面。海洋教育概念的内涵随着人们对海洋、文化、环境及人海关系的认识逐步地深化。至少虽然在表述上不是特别的准确，但在逐步对内心认可的那个海洋教育概念内涵达成一定共识的过程中，已经从单纯地对海洋知识的教育、海洋科学的教育向复杂的人海关系方向过渡。同时随着对海洋科技、海洋意识、海洋文化、海防等研究的逐步铺开，亦会在交叉研究中深化对海洋教育的认识。再则海洋教育内容的研究也在充实和切合着对海洋教育概念的认识。

目前海洋教育的内容体系也已经逐步架构起来，从了解海洋的知识内容逐步涉足人海关系的政治、经济及文化领域。无论是开展研究的学者还是实施海洋教育的行动者，都在从人海关系的角度全面架构海洋教育的内容体系，海洋教育的内容体系呈现一个几乎涉及整个人文社会科学和部分自然科学的复杂多样的知识内容。但目前的理论研究也存在着众多的问题。首先是研究的泛化。由于海洋教育涉及领域极其广泛，内容比较复杂，同时又没有形成一个学科领域，大多数的研究都不深入，没有提出专门的或系统的研究方法，仅从教育的本身来看待海洋教育，海洋教育的研究往往泛化在表面，与具体学科领域的教育相比仅仅体现在内容的差异上。其次是研究中部分内容的缺失。目前没有完成海洋教育各相关概念的架构和区分以及相关内容的填充。海洋教育研究过程中需要规范和定义大量概念和内容。如海洋意识教育、海洋国防教育、海洋文化教育等都需要定义与细化，需要对相关概念进一步区分。最后是研究的不系统。目前没有关于海洋教育的专著和对其全面系统地论述。我们缺少以学科架构的视角去审视海洋教育的研究，需要出版这样系统论述的成果和论著。

3. 海洋教育的调查和比较研究方面

海洋教育的调查研究为我们进一步开展海洋教育提供了一些实证数据，

为今后的研究和实践奠定了一定的基础。但通过分析这些文献也发现众多问题。首先，调查研究总体数量较少，主要表现为两点：一是开展调查研究的学者不多；二是调查选取的样本较少。开展全国或区域性的调查几乎没有，这使得我们很难全面掌握目前海洋教育开展的现状及教育的成效。调查以高校为主，对中小学生和民众的调查较少见。其次，调查主要是问卷调查，从题目的设计来看，这些调查大多只能体现海洋教育的一个面，没有从人海关系的角度全面了解调查对象的海洋素养现状。最后，缺少内陆与沿海地区进行调查的比较研究，缺少进行海洋教育前后的比较研究。需要更多海洋教育效果的实证研究来加强和修正我们的海洋教育的内容与方式。

在比较教育研究方面，有学者介绍了日本、澳大利亚和美国等的海洋教育。从现有文献来看，存在着如下问题。首先，我们对国外海洋教育研究现状的了解并不全面。一是对国外海洋教育开展的了解仅停留在表面；二是目前的研究数量太少，对许多国家开展的海洋教育我们没有了解与认识到。其次，没有对国外海洋教育研究与实践的深入探讨，只有深入了解海洋强国开展海洋教育的现状，我们才能进一步开展比较研究并本土化，以借为我用。最后，缺少对国外海洋教育调查研究的数据，仅以意识强弱的描述，我们很难找准发力点并进一步开展研究和实践。

4. 关于海洋教育的实践探索方面

对海洋教育的实践我们从未停止过，特别是在重新认识海洋，认识人海关系的基础上，我们开展了大量的活动来进行海洋教育。从语文到地理课本中关于海的教育内容都是我们最早开展海洋知识教育的见证。特别是近年来，我们更是有意识地开展了这方面的教育活动。比如开展海洋教育基地、海洋教育特色学校建设等。同时我们也看到，虽然我们开展了一些海洋教育，从区域来看，我们取得了一些成效，但总体来看，我们的海洋教育，从学生到民众，都远远不够。首先，从面上来说，对于有着14亿人口300多万平方公里海洋国土的海洋大国来说，我们的海洋教育是远远落后的，数十个海洋教育基地或海洋日等的一些活动，很难承担起全民终身海洋教育的重任。其次，从点上来看，我们海洋教育进课堂活动也仅仅在青岛、舟山等个

别沿海地区开展和实现。海洋教育特色学校很难实现以点带面，全面提高中小学生的海洋意识。最后，大陆很少见到关于海洋教育教师的培育，这是学校开展海洋教育的基础。我国台湾地区就在海洋大学的师资培育中心开设海洋教育必修科目，并在大学教育研究所招收"海洋教育硕士学位班"将海洋教育融入师资培训课程中。[①]

（二）海洋教育研究展望

海洋教育研究是海洋教育全面发展的基础和支撑，能够促进海洋教育实践的规范与科学。加强海洋教育研究既需要外部条件的支撑亦需要内在的聚焦与突破。

1. 外部条件支撑

首先，需要聚集一批致力于开展海洋教育研究的研究者。海洋教育不论是促进海洋教育实践更好发展还是最终实现构建"海洋教育学"的目标，都需要一批持续关注海洋教育的学者加入。同时基于海洋教育的学科交叉性、多学科融合的特征，海洋教育需要教育学、海洋学、历史学、社会学、心理学等各学科背景的学者加入，需要各学科学者交流、合作与知识融合。目前已有的中国海洋大学的基于教育经济与管理硕士点的研究团队和宁波大学的海洋教育研究中心的研究团队是两个比较稳定的研究团体，我们呼吁更多的学者特别是更多学科背景的学者关注海洋教育，开展海洋教育研究。

其次，构筑海洋教育研究者的平台与阵地。海洋教育研究的持续、稳步发展，需要构筑海洋教育研究者的平台与阵地。目前国际上已有"国际太平洋海洋教育联盟""欧洲海洋教育者协会""亚洲海洋教育者协会"等海洋教育的国际组织。同时1966年美国成立"美国国家海洋教育协会"，我国台湾地区2014年成立"台湾海洋教育中心"来推动海洋教育

---

① 朱信号、马勇：《我国台湾地区中小学海洋教育探索及借鉴——兼与大陆地区的比较研究》，《教学研究》2014 年第 4 期。

发展。因此，我们需要成立全国性的相对稳定的研究机构、学会、协会等，加强海洋教育研究者、实践者的交流，促进海洋教育持续、稳步发展。

最后，需要一定研究项目支撑，以解决对重大问题的研究。目前还没有全面系统论述海洋教育的专著，我们需要重点的研究项目支撑，以实现海洋教育研究的重大、重点突破。这一点可以参考我国海洋文化的发展路径，如"中国海洋文化理论体系研究"获得国家社科基金重大项目立项，为海洋文化的系统快速发展起到了重要的推动作用。另外，国家和区域内的海洋教育调查与实践研究同样需要重大项目和资金的支撑，国家层面的重视和支撑是海洋教育系统深入开展的重要条件。

2. 内在聚焦与突破

第一，通过学科间的交叉研究，逐步确定海洋教育的学科方向与体系。一方面海洋教育是新兴学科，另一方面海洋教育又是"旧知识"和多元知识的合集。新是指我们目前没有海洋教育学科，所以研究者开展研究以期建立这个学科；旧是指海洋教育其实没有也没必要开展新理论的重大创新，重点是发展学科间交叉融合和理论的借鉴。今后的研究，首先，需要进一步厘清海洋教育的概念，特别是概念内涵，对相关海洋教育要进一步区分与限定，如海洋教育、海洋素养教育、海洋意识教育、海洋文化教育、海洋通识教育、海洋环境教育、海洋观教育等。其次，在概念区分的前提下，构建海洋教育体系，包括海洋教育学科体系、海洋教育内容体系等。

第二，通过比较与借鉴研究，了解美国、欧洲及亚洲较早开展海洋教育的国家和地区的理论知识与实践经验。比如美国1966年的海援计划（Sea Grant Program）是20世纪全世界在海洋领域最重要的计划，这一年举办的海洋工程研讨会中，首次有海洋科学家与教育学家面对面会谈，[①] 此后全球的海洋教育兴起与发展起来。2001年欧洲国家引入"海洋素养"（Ocean

---

① 严佳代：《国际海洋教育者协会发展概析》，《中国海洋大学高教研究》（内刊）2017年第3期。

Literacy）的概念，解决学校课程和教材中海洋知识及内容较为缺乏的问题。① 日本采取把海洋教育较大比例地融入教科书中的方案开展海洋教育，日本的小学各学科教科书中有关海洋文化的内容占 21.7%，中学则有占 34.5% 的海洋文化知识融入。② 除了了解这些基本情况，我们还需要更深入地探究。比如，美国如何通过海援计划实现了海洋科学家与教育学家的合作，两个学科学者之间具体如何合作与沟通，这种合作与沟通给海洋教育带来哪些具体的促进；欧洲国家通过哪些具体举措引入"海洋素养"，如何推进"海洋素养"在本土的实施以及成效如何；日本的中小学教科书是如何实现如此高比例的海洋文化知识融入的，这种高比例的融入是历史传统还是近年才逐步提高的，如何处理海洋文化知识与非海洋文化知识的比例关系；等等。比较与借鉴研究可以帮助我们深化海洋教育的研究与实践，实现海洋教育领域国际同步与超越。

第三，进一步开展海洋教育的实证研究，为海洋教育政策制定和实施规划提供数据支撑。20 世纪末与 21 世纪初，中小学海洋教育已在我国某些沿海地区星星点点地呈现，③ 2003 年就开始有学生蓝色国土意识情况的调研研究，但针对全国或较大区域海洋教育的调查并没有。海洋教育经过近二十年的实践，国民海洋素养、大中小学生海洋教育的成效与问题、中西部海洋教育的差异等没有权威的实证数据。因此，我们需要较大区域的调查与实证研究，进一步为海洋教育政策制定和实施规划提供数据支撑。

第四，进一步开展海洋教育实践活动，特别是非沿海地区的实践活动。海洋教育理论研究的成果最终还是要应用到海洋教育的实践之中，同时海洋教育研究者也应是海洋教育的实践者。随着我国海洋强国战略的实施，海洋

---

① 马勇、符丁苑：《欧洲国家海洋教育的行动及启示》，《世界教育信息》2019 年第 13 期。
② 叶龙：《全球海洋教育的发展新路径与趋势——走向海洋文化教育》，《现代教育科学》2019 年第 8 期。
③ 马勇、马丹彤：《中小学海洋教育的进展、偏差及矫正》，《宁波大学学报》（教育科学版）2019 年第 3 期。

教育的地位与作用不断凸显，中小学海洋教育由点到面得以不断推进。[①] 我国个别区域的海洋教育已经有了较好的发展，形成了一些好的经验和做法，但部分沿海地区和中西部地区的海洋教育还较弱，区域的不平衡性也比较明显。同时，随着经济高速发展、人口流动频繁，西部海洋教育的迫切性也在增加；长江、黄河等河流最终要流向海洋，沿海区域和沿河区域有着相近的海洋教育素材，全国的海洋教育实施和实证研究都具有必要性，我们需要在实践中进一步开展海洋教育研究。

[①] 马勇、马丹彤:《中小学海洋教育的进展、偏差及矫正》,《宁波大学学报》(教育科学版) 2019 年第 3 期。

B.3
2020年中国涉海文艺创作报告

贾小瑞*

摘　要： 涉海文艺指一切与海洋有关的文学艺术。涉海文学是涉海文艺的主力军，中国涉海文学的发展变迁大致可分为三个阶段。涉海艺术包括影视、绘画、音乐、舞蹈等，新中国成立后均得到快速发展。2019年，中国涉海文学在不动声色中平稳发展；涉海绘画延续了近几年的繁荣；涉海影视喜获丰收；涉海音乐最活跃的仍旧是流行歌曲；涉海舞蹈二泾分流，一支走民间路线，另一支偏向古典。中国涉海文艺的发展大致呈现如下规律：涉海文艺作品的数量渐增，创作主体经历了从随缘性到自觉性的过程。参与涉海创作的作家、艺术家逐渐增多，且业余创作者占比在20世纪90年代之后明显增加。国家的海洋战略、海洋政策间接影响了涉海文艺的发展。发表平台的多寡、传播渠道的通畅与否，同样影响着涉海文艺的生存样态。涉海文艺欣逢最佳发展机遇，我们可预见今后一年涉海文艺将收获更加丰硕的成果。纪实类、宣传性涉海文艺将继续走热，民间创作仍蓬勃生春，探秘类影视将获突破，"海上丝绸之路"的相关作品有望涌现，精品力作仍受期待。

关键词： 涉海文艺　文学　影视　绘画　音乐

---

* 贾小瑞，鲁东大学文学院副教授，研究领域：中国现当代文学、中国海洋文学。

中国不仅有雄厚的黄土文明，而且也有悠久的海洋文化。与海洋文化相伴生的是散若岛屿的涉海文艺。涉海文艺指一切与海洋有关的文学艺术，它们以文学、影视、绘画、音乐、舞蹈等品类呈现自然之海、人类的海洋活动以及人海关系等内容，表现人类对海洋的探索与认知，抒发人类在面朝大海时心潮的种种起伏，折射时代的变迁与文明的进程。

涉海文艺是人类精神生活的重要组成部分，它的产生、发展与人类历史的绵延、进步大略呈正相应关系，这就带来了它的首要特点：历史性。因此，我们以史为线、为界，梳理、探究、总结涉海文艺创作的发展脉动与演变规律。

一　中国涉海文艺创作的历史变迁

（一）涉海文学

涉海文学是中国涉海文艺的主力军，其作品数量与发展速度均明显超过音乐、舞蹈、绘画、影视等。根据基本创作面貌的主要区别，中国涉海文学的发展变迁大致可分为以下三个阶段。

1. 20世纪之前

20世纪之前可谓涉海文学的奠基期，大致呈现与我国历史发展相一致的阶段性。

先秦两汉时期，中国涉海文学处于萌芽之中，涉海作品数量不是很多，但海洋审美视野初步具备并不断拓宽，海景、海物、涉海活动、涉海民俗和海洋神话传说得以表现与书写。如《诗经》中的《小雅·南有嘉鱼》《小雅·鱼丽》《齐风·敝笱》以鱼、鱼篓起兴，借此寄予人事诉求，似乎仅显示出古人对海洋的发现，而《楚辞》中不仅有海洋景色的描写内容与面海而歌的情感抒发，还有因海而生的理性探索与神话传说。《山海经》开中国涉海小说之源头，《海外经》《海内经》《大荒经》诸篇记述的海外奇闻与神话传说充满奇异的想象力，显示出博大无羁的海洋精神。《庄子》《左传》

《列子》等散文以先民对海洋的想象为本，混合着神话思维，渲染海仙世界的缥缈神秘。两汉之际，想象之作仍占上风。东汉班彪的《览海赋》、王璨的《游海赋》都将游仙意趣与海景描摹融为一体，《神异经》《十洲记》等方家著述则构造神异的涉海故事。同时，《史记》《汉书》以史家眼光、文学家笔墨记载了许多海洋活动和涉海传说，为此时的涉海文学增添了现实之色。最为人称道的是曹操的《观沧海》，以宏壮之气、博大之志成为涉海文学的典范之作，彰显了涉海文学的审美特质。

魏晋南北朝时期，中国涉海文学跨上了一个新的台阶。涉海作品的数量显著增加，三大文体都涌现出优秀之作。诗歌名作有曹植的《远游篇》、谢灵运的《游赤石进帆海》、谢朓的《和刘西曹望海台诗》。知名的赋文有曹丕的《沧海赋》、木华的《海赋》、潘岳的《沧海赋》等。而涉海小说则散布在干宝的《搜神记》、张华的《博物志》和王嘉的《拾遗记》等文集中。在内容上，与前一历史时期的作品相比，此期作品新添对类似科幻奇物的描述，如王嘉在《拾遗记》中所写的"舟形似螺，沉行海底，而水不浸入"的"沧波舟"，俨然是现代的潜水艇。

唐宋两朝，是中国涉海文学的较为繁荣的时期。一大批名家名作如雨后春笋不断冒尖，唐代李白的《行路难》、王维的《送秘书晁监还日本国》、孟浩然的《岁暮海上作》、张若虚的《春江花月夜》、白居易的《海漫漫》等各有千秋。宋代苏轼的《八月十五日看潮五绝》、陆游的《泛三江海浦》、柳永的《煮海歌》等均如海风漫漫吹来浓郁的海洋风情。从内容来看，此二朝显著的变化之一是反映了人们更深入的海洋活动，如孟浩然的《岁暮海上作》、苏轼的《六月二十夜渡海》、陆游的《航海》等表现的是在茫茫海上航行之所见所思，而不是在海边观望的风光与心絮。变化之二出现了写海洋商贸活动的诗文，如李白的《估客行》、黄滔的《贾客》、柳宗元的《招海贾文》、杨万里的《过金沙洋望小海》等，折射出当时涉海贸易已展现规模的历史状况。变化之三是增添了中外海上交流的新板块，如李白的《哭晁卿衡》，王维的《送秘书晁监还日本国》，贾岛、高丽使合写的《过海联句》，周去非的《岭外代答》等反映了中国同日本、朝鲜、东南亚、西非及西班牙诸国的交往。在文体上，宋词加入了海洋书写，并出现了名家的知名之作，如苏轼的《临江仙·夜归临皋》、柳永的《望海潮》、李清照的《渔家傲》，丰富了涉海文学的艺术呈现种类。

元明清时期，中国涉海文学延续了繁荣发展的态势。涉海作品数量倍增，所反映的涉海活动丰富而深入，囊括之前各时期的内容，还书写了前所未常见的新鲜事。如元代汪大渊的《岛夷志略》、周达观的《真腊风土记》，明初马欢的《瀛涯胜览》、费信的《星槎胜览》记录了海外异域的物产风情等。明万历年间陈第的游记《东番记》则以田野调查之法写下台湾高山族的风土人情。明清两代还新涌现出大量反抗外族侵略的正义之作，诗歌有俞大猷的《舟师》、戚继光的《普宁寺度岁》、葛云飞的《宝刀歌》等，散文有王慎中的《海上平寇记》等。在文体方面，这三代也有新的突破。杂剧《张生煮海》《争玉板八仙过海》《奉天命三保下西洋》《贺万岁五龙朝圣》等别开生面，将海洋文化的开放与民间传说的浪漫熔于一炉，成为广受百姓喜爱的佳作。清代戏剧家李渔的《蜃中楼》与之类似，将神话与海洋的传奇色彩渲染得愈加浓郁。散曲也参与到涉海题材的创作中，如元代徐再思的《中吕·阳春曲·闺怨》。涉海小说在明清有了突飞猛进的发展。罗懋登的《三宝太监西洋记通俗演义》、吴承恩的《西游记》、吴还初的《天妃济世出身传》、吴元泰的《八仙出处东游记》、朱鼎臣的《南海观音菩萨出身修行传》、无名氏的《海游记》、王韬的《淞滨琐话》专写涉海内容，而蒲松龄的《聊斋志异》、冯梦龙的《三言》和凌蒙初的《二拍》虽不以海洋为主题书写，但其中包含的多篇涉海小说艺术价值很高。

2. 20世纪

进入20世纪，随着海洋与人们生活的日益紧密，中国涉海文学在广度与深度上都不断掘进，喜得新收获。

细察新收获，首先是内容上的更新。表现之一是渔民生活的方方面面得到具体深入的呈现。当然，此前类似内容也有，但仅是少量诗词，而此时期诗歌、散文、小说、话剧尽显其能，书写渔民从渔捕到日常生活、节庆礼仪、风俗民情等方面的内容。内涵深厚、影响最大的是小说，代表作有王统

照的《沉船》，杨振声的《报复》《渔家》，王家斌的《聚鲸洋》《百年海狼》《狼死绝地》，王安友的《渔船上的伙伴》，邓刚的《迷人的海》《山狼海贼》，张炜的《黑鲨洋》《拉拉谷》，单学鹏的《海湾三部曲》，卢万成的《北海潮》，叶宗轼的《海边人家》，孙鹫翔的《金边马蹄螺》，姜树茂《渔港之春》《常乐岛》等。

表现之二是远洋世界得到全面呈现。中华人民共和国成立后，我国的远洋事业如绚丽的朝霞渐放光彩。直面现实的涉海文学将热情投注到远洋世界中，它们以浩渺无际的海洋为背景，书写当代海员在急风狂浪中与大海搏斗的场面，表现他们勇敢无畏、团结协作的优秀品质，也呈现海员们内心欲望与伦理的冲突以及中外文化的差异，成就主要集中在小说方面，如雷加的《海员朱宝庭》，樊天胜的《阿扎与哈利》《心海》，王家斌的《死海惊奇》《南海鬼船》《海狼三友》，宗良煜的《与魔鬼同航》《苏伊士之波》，汪满明的《海嫂》，史振中的《远洋船长》，张士敏的《虎皮斑纹贝》。纪实文学有宗良煜的《绿色钞票》，孙为刚的报告文学《远洋渔歌》《18万里风和浪——海丰301环球航行记事》等。

表现之三是海战首现，以抗日战争、人民解放战争中人民的水深火热与坚韧不屈为核心内容。小说有杨振声的《荒岛上的故事》，巴金的《海的梦》，冰心的《鱼儿》，曲波的《桥隆飙》，李养正的《碧海红旗》，陆俊超的《九级风暴》《幸福的港湾》，姜树茂的《渔岛怒潮》，峻青的《海啸》，赛时礼的《陆军海战队》，黎汝清《海岛女民兵》，浩然的《西沙儿女》等。这些小说都是以史实为据进行合理虚构，而宗良煜的《红色舰队——2010年中美海军大决战》却纯以想象为构思之本，被称为"中国第一部战争模拟小说"，显示了海战小说的另一种可能。另外，圣旦的《岱山的渔盐民》、田仲济的《渤海之滨的一角》等报告文学都沉痛控诉日寇侵略带给人民的灾难。

表现之四是海军的发展、海军战士的精神世界，中华人民共和国成立以后成为涉海文学的另一个增长点。长篇小说有张锦江的《第三代水兵》，罗齐平的《大海圆舞曲》，郭富文的《天净沙》等，长篇报告文学有郭富文的

《走向太平洋》《守望大海》等，长篇纪实文学有郭富文的《蓝色征程》《蓝色盾牌》《蓝色憧憬》等。

表现之五是海洋生态作品的出现。与征服海洋相伴随的，是人类对海洋环境的破坏，如何对待海洋成为新时期以来涉海文学的重要命题。张炜的小说《鱼的故事》《海边的雪》《怀念黑潭中的黑鱼》，王润滋的小说《三个渔人》《海祭》，李存葆的大散文《鲸殇》等提倡人与海洋为友，在对自然的敬畏中求得人与海洋的和谐发展。

表现之六是人海关系在精神层面得到深度开掘。因作家现代生命意识的高涨，大海被视为生命的象征，作家们用大海及其生物的种种特性来反思人生、体味人性，成就较为突出的是几部小说，如无名氏的《海艳》、王蒙的《海之梦》、徐小斌的《海火》、宗良煌的《蓝色的行走》。这些作品掘进了涉海文学的深度。

表现之七是儿童文学结缘大海。从 20 世纪 50 年代开始，儿童海洋文学出现并缓慢发展，小说有萧平的《海滨的孩子》，张岐的《神秘的小岛》，王润滋的《卖蟹》《海祭》，张炜的《一潭清水》《童眸》，小说集有张锦江的《海上奇遇记》，另有刘饶民的诗集《儿歌一百首》《海边孩子的歌》，张岐的散文集《彩色的贝》等。

表现之八是涉海历史人物与传奇故事在新时期被作家们重新激活，多位作家把激情投射到徐福和郑和身上。小说有张炜的《瀛洲思絮录》、李艳祥的《徐福东渡》，传记有李惠铨、谢方、孔令仁、仲跻荣、马汝光、周天等创作的郑和传记。

在文体方面，20 世纪以来也有新的变化。诗歌的霸主地位被小说替代。在小说内部，20 世纪之前以传奇类为主，而 20 世纪开始则以现实主义长篇小说为主。诗歌虽然失去了无上的荣光，但仍备受喜爱，且新增的自由体诗为涉海诗歌注入了新的活力。散文不温不火，在新的时代下更加繁盛，尤其是报告文学、纪实文学的异军突起为拓展涉海文学的表现疆域做出了重要贡献。令人可惜的是，涉海戏曲似乎没有新的发展，而涉海话剧也寥寥无几。

海洋文化蓝皮书

3. 21世纪以来（2000～2018年）

进入 21 世纪，各级政府对海洋经济、文化的发展更加关注，涉海文学也因此获得了更大的外在动力。据笔者的不完全统计，2000～2018 年，出版的涉海文学作品集共 85 部，其基本情况如表 1 所列。

表 1　2000～2008 年出版的涉海文学作品

出版年份	书名	作者	题材	文体
2000	《奔腾的蓝马群》	郭富文	海军	长篇报告文学
2000	《崛起在东海之滨》	吴茂云	涉海城市发展	新闻散文集
2000	《寂寞吗？中国海》	徐志良	涉海城市发展等	新闻作品集
2000	《蓝色诱惑》	徐国志	人生体验等	诗集
2001	《战争目光》（2009 年更名为《假如战争明天来临》）	郭富文	海军	长篇小说
2001	《传说中的海怪》	赵喜进、徐星	海洋生物	科普读物
2001	《我们的渤海——渤海海洋文集》	李明春	与渤海有关的自然、人文	散文、报告文学集
2001	《郑和》	王佩云	涉海人物	人物传记
2002	《蓝色诱惑——刘铁生远洋航行拍摄记》	刘铁生	太平洋游记	散文集
2002	《海峡，海峡》	樊天胜	海员	长篇小说
2002	《海洋馆的约会》	胡维勇、岩轩	都市爱情	小说
2003	《倾听潮声》	王飞主编	涉海故事	散文集
2004	《红色海洋》	韩松	科幻	长篇小说
2004	《大海之子邓兆祥》	郭金炎	人物传记	报告文学
2005	《被遗忘的航行》	范春歌	游记	散文集
2005	《郑和全传》	郑一钧	历史人物	传记
2006	《南海万里行》	张良福	南海巡航	报告文学
2006	《海峡之痛》	杨少衡	两岸关系	长篇小说
2006	《过龙兵》	刘玉民	海边百姓生活	长篇小说
2006	《海圣郑和》	李正鸿主编	涉海人物	传记
2007	《海之物语》	李明春	涉海故事	散文集
2007	《碧海丹心》	李乃胜等	涉海人物	传记
2007	《水手》	王爱民	海员	长篇小说

续表

出版年份	书名	作者	题材	文体
2007	《海殇》	汪应果	甲午海战	长篇小说
2008	《血火海洋》	郭富文	海军	长篇纪实文学
2008	《女子陆战队》	郭富文	海军	长篇小说
2008	《与海神对话》	刘安国、王倩英	涉海人物	报告文学
2009	《郑和下西洋趣闻轶事》	赵志刚	历史故事	通俗读物
2010	《首届"爱我蓝色家园"网络征文优秀作品集》	全国"爱我蓝色家园"网络征文活动办公室编	涉海自然、人文	小说、散文、诗歌等
2010	《谁来保卫中国海岛》	王小波	海岛	散文集
2010	《中国首征南极》	董立方	科学考察	报告文学
2010	《第二届全国"爱我蓝色家园"征文优秀作品集》	全国"爱我蓝色家园"网络征文活动办公室编	涉海自然、人文	小说、散文、诗歌等
2010	《滨海曙光续集》	金宗炳	涉海城市建设	新闻作品集
2010	《南极纪行》	刘涛	南极考察	新闻作品集
2011	《让历史告诉未来》	张良福	涉海历史	纪实文学
2011	《闯海的男人》	李明春	海洋事业	报告文学
2011	《北极纪行》	刘涛	北极考察	报告文学
2011	《海殇——遭封建王朝湮灭的中国海商》	陆儒德	涉海历史	纪实文学
2011	《大海的情结》	王广成	涉海生活等	诗集
2011	《首闯南极的日子》	郭琨	涉海人物	报告文学
2011	《眷恋蓝土》	张静	海洋开发	长篇小说
2011	《郑和》	冼杞然编	涉海人物	传记
2012	《郑和与海》	杨海涛	涉海人物	传记
2012	《"海洋六号"2011》	杨胜雄主编	海洋考察	纪实文学
2012	《极地封情(1984~2010)》	苏群	极地风貌、极地人的生活	散文集
2012	《海盗王宝藏》	怀旧船长	悬疑	小说
2012	《蓝色的诱惑——上海海洋小说精选》	任丽青编	涉海人、事	小说集
2012	《郑和的故事》	王昭华、王战林	历史故事	通俗读物
2012	《大海星空:2010年度海洋人物》	本书编委会编	涉海人物	传记
2012	《大海记忆:新中国60年十大海洋人物、十大海洋事件》	本社编	涉海人物、事件	散文集

续表

出版年份	书名	作者	题材	文体
2013	《大海星空：2011年度海洋人物》	本书编委会编	涉海人物	传记
2013	《海洋之恋》	张荣大	涉海成果、人物	新闻作品
2013	《半岛哈里哈气》	张炜	儿童文学	小说
2014	《郑和下西洋的故事》	王冉	历史故事	传记
2014	《白纸门》	关仁山	海边百姓生活	长篇小说
2014	《海客谈瀛洲》	张炜	涉海历史、现实	长篇小说
2014	《大海星空：2012年度海洋人物》	本书编委会编	涉海人物	传记
2015	《寻找鱼王》	张炜	儿童文学	小说
2015	《大海星空：2013年度海洋人物》	本书编委会编	涉海人物	传记
2015	《浪里也风流》	侍茂崇	涉海经历、知识	散文集
2016	《大海星空：2014年度海洋人物》	本书编委会编	涉海人物	传记
2016	《海童》	廖鸿基	海洋、海员	散文集
2016	《后山鲸书》	廖鸿基	鲸豚	散文集
2016	《来自深海》	廖鸿基	海洋、海员	散文集
2016	《新说山海经（奇兽卷）》	张锦江等	儿童文学	神话新创
2016	《鲸生鲸世》	廖鸿基	鲸鱼	散文集
2016	《讨海人》	廖鸿基	海洋、海员	散文、小说集
2016	《山海听涛》	吴世迎	涉海活动	词集
2016	《第四极：中国"蛟龙"号挑战深海》	许晨	深海故事	报告文学
2017	《飞越彩虹门的小海豚》	雨田	儿童文学	长篇童话
2017	《中国海之歌》	黄冬冬	涉海情感等	诗集
2017	《睡豚，醒来》	凌晨	科幻	长篇小说
2017	《岛屿之书》	盛文强	涉海体验等	散文集
2017	《海洋随笔十二家》	梁二平	涉海经历等	散文集
2017	《一个男人的海洋》	许晨	航海故事	传记
2017	《新说山海经（英雄卷）》	张锦江	儿童文学	神话新创
2017	《七下西洋的和平使者——郑和的故事》	魏生	涉海人物	传记
2017	《郑和与海》	杨海涛编	涉海人物	传记
2017	《海上丝路与郑和》	丹增	涉海人物	散文集

出版年份	书名	作者	题材	文体
2017	《名垂青史——郑和》	华惠	涉海人物	传记
2017	《大海星空:2015年度海洋人物》	本书编委会编	涉海人物	传记
2018	《左舷风浪,右舷飞雪》	舟欲行	涉海情感等	诗集
2018	《惊世大海难》	怀旧船长	悬疑	小说
2018	《新说山海经:(趣禽卷)》	张锦江等	儿童文学	神话新创
2018	《天开海岳——走近港珠澳大桥》	长江	涉海建筑	长篇纪实文学

分析2000~2018年涉海文学的概貌,我们会发现以下几个特点。

(1)涉海作品内容丰富,之前出现过的题材在这19年都得以呈现。

(2)纪实类作品数量激增。此处的纪实类作品不仅指纪实文学,还包括报告文学、人物传记、新闻作品等。这类作品的大量涌现,折射出整个社会对海洋自然风光、经济文化、科研考察等的重视,也表现出涉海文学与社会生活的全方位贴近。

(3)从创作群体来看,业余作家占比明显增加,拓宽了涉海文学的创作视域,促进了涉海文学的产出。

(4)涉海的历史人物与经典著作重新被激活,相关作品不断涌现,显示出21世纪以来整个社会追溯我国海洋文化传统的热情。

(二)涉海艺术

1. 绘画

历史最悠久的涉海艺术首推绘画,我们可在出土文物中窥探其大概样貌。"人面鱼纹"是半坡型彩陶最具代表的纹样,可谓中国最早的涉海绘画。商代饕餮纹铜鼎铭文中有一航渡图样,被誉为中国最古老的水上商贸图。战国时期铜壶上所绘的纹饰与图样,表现航行和战斗的场面。在《山海经》中,则有大批海外神异之物的图形。在之后的古代文献中,海船、航行等图画不断出现。

以涉海题材著称的专业画家可追溯至五代时期的董羽,他的《海水图》名噪一时。他还受宋太宗之命,在端拱楼画《龙水》四壁,亦广受赞誉。之后,北宋画家燕文贵的《驳船渡海图》、燕肃的《春岫渔歌》都为涉海绘画添上精彩一墨。南宋画家马远一套《水图》中的《云舒浪卷》《云升沧海》《层波叠浪》以细致描绘海浪著称。元代王蒙的《丹山瀛海图》绘制的是东海蓬瀛诸岛重峦叠嶂的景象,而清朝袁江的《海屋沾筹图》《海上三山图》则以山间云雾营造仙境,都显示出中国古代海洋绘画的精湛技艺。

进入20世纪,尤其是21世纪以来,涉海绘画迎来了突飞猛进的发展。不少画家专心于海洋绘画,成就突出者有陈明、于普洁、李海涛、周智慧、宋明远、徐生华等。他们的作品绘制祖国万里海疆风貌,展示海洋博大开放的精神,品类、风格多样。代表画作或入选全国各类美术展,或荣获奖项,或在拍卖会上受到追捧,都共同显示了海洋绘画的成就。

海洋画派的出现也是涉海绘画迅猛发展的重要表征。早在20世纪50年代,广西北部湾的北海市部分画家在著名画家汤由础等的影响下,着力描绘海洋物件与海洋风情,逐步形成海洋风水彩画派,主要画家有蔡道东、蔡群徽、傅刚、张国权、张斌、张虹、张国楠、肖畅恒、包建群、吴明珠等。因独具特色的绘画成就,"北海水彩画"在2011年入围文化部"全国画院优秀创作研究项目扶持计划"。另一个在全国有较大影响的海洋画派以宋明远为核心。宋明远在2000年明确提出"海洋画派"的理念,会聚了郭文伟、冯兆平、陈明、邹才干、周志林、林强、赵喜云、郭雅玉等画家,探讨海洋绘画从实践到艺术理论的升华,共同开办海洋画展,推动了海洋绘画的发展。

专题展览同样提升了海洋绘画的知名度。1991年,李海涛在北京举办了海洋绘画专题个人展览,其中表现中国海疆全貌的巨作《海疆万里图》备受赞誉。1999年开始,"于普洁大海油画展"在上海等地多次展出,还于2011年在法国中国文化艺术中心展出。以宋明远为核心的"海洋画派"从2014年至2018年,在北京、三亚、南京等地连续举办"沧海颂——中国海洋画作品展"，并参与世界海洋日暨全国海洋宣传日活动，为海洋绘画的宣传做出了卓著的贡献。

兼顾研究是中国海洋绘画良性发展的又一重要举措。2006年，在李海涛、肖凯夫妇倡导下，"中国海洋画研究院"成立了。研究院的画家为海内外华人，以海洋水墨绘画作为主要研究对象。2016年，"中国海洋画研究院分院"在台湾成立。研究院的活动使当代美术工作者对海洋绘画有了新的认知，扩大了中国海洋画的影响与势力。

海洋绘画的商业模式也在尝试之中。青岛达尼画家村引进了青岛绿泽画院，建成画室8000平方米，现有高级画师22人、画工600多人，主要从事油画、丙烯画、水粉画的临摹和创作，作品畅销欧美十几个国家，其中不乏海洋画作，是重要的海洋绘画产业基地。

2. 涉海影视

中国最早的一批涉海电影出现在20世纪30年代，《中国海的怒潮》《渔光曲》表现渔民的苦难与抗争，而《黄海大盗》讲述海盗传奇。50～70年代，中国涉海电影有较强的政治色彩，如《海魂》《向海洋》《碧海丹心》《南海长城》《渔岛怒潮》《十级浪》等，洋溢着革命乐观主义的情绪。80年代以来，涉海电影的生活气息渐浓，如《敬礼，我的教官》《大海的呼唤》《海神》等。进入21世纪，涉海电影显示出多元综合的趋势，《大鱼海棠》《四海鲸骑》《深海利剑》《红海行动》《美人鱼》融时代命题于主流意识、民族元素之中，获得较高票房。

随着国家层面和沿海各省市对海洋文化的重视，21世纪以来涌现出一批海洋题材的电视纪录片，借以宣传海洋文化。2011年，中央电视台播放了《走向海洋》，这是第一部全面梳理中国五千年海洋文化和历史的纪录片。大型海洋纪录片《潜行天下》第一季在2017年播映，呈现了海洋波澜壮阔的场景。各省市的纪录片有《广东沿海行》《霞浦·千里海疆行》《船歌》《南中国海的沉思》等。另外，电视剧《郑和下西洋》《东方有大海》《妈祖》以中国特有的海洋历史、文化为背景，塑造了大爱大义的民族英雄形象，对提升全民族的海权意识，弘扬爱国主义精神有独特的作用。

3. 涉海音乐

涉海音乐最早的形态是渔歌、渔号，在沿海各地异彩纷呈，但有好多已失去生命力。现今仍富有活力的是舟山地区的渔歌《晒鱼鲞》，渔民号子《摇橹号子》《拔篷号子》《起锚号子》《拔网号子》等。

涉海音乐中数量最多、流传最广的当数流行歌曲。20世纪80年代以来，人们借大海的巨大包容性抒发亲情、乡情、爱情，舒泄人生的种种情绪，表达家国之志，产生了很多备受喜爱的歌曲，如《军港之夜》《外婆的澎湖湾》《大海啊，故乡》《东方之珠》《大海》《小螺号》《水手》《小海螺》《看海》《听海》《海的歌》《那年夏天宁静的海》《再见中国海》《珊瑚海》《爱情海》《泪海》《我想我是海》等。

4. 涉海舞蹈

涉海舞蹈在继承传统中又有创新，呈现鲜明的地域色彩。广东的传统舞蹈有鳌鱼舞、龙舞、鲤鱼舞、平远船灯等，而2010年在广州亚运会上表演的舞蹈《海洋之舟》则将传统元素融入现代时尚之中。福建的《十音八乐——妈祖颂》是海洋祭祀舞蹈，更多体现了原始美。广西的舞蹈诗剧《咕哩美》融歌、舞、诗为一体，2008年上演后，先后荣获国家最高政府奖"文化奖"、全国"五个一工程奖"和"荷花奖"的殊荣，被誉为中国首部海洋风情舞蹈诗剧。上海海事大学的现代舞《海祭》以"妈祖"为核心，复原艺术原初的祭祀功能，寄望人们重拾对海洋、海神的敬畏之心。

二 2019年中国涉海文艺总览

2019年，涉海经济、文化发展势头良好，涉海文艺也稳步向前，取得了多方面的成就。

（一）涉海文学

涉海文学遵循着厚积薄发的创作规律，不去博人眼球，也不制造轰动性新闻，如深水潜流，在不动声色中平稳发展。

纯文学成果较多，在纸媒上发表的长篇小说有赵德发的《经山海》、陈毅达的《海边春秋》，中篇小说有韩银梅的《去斯米兰看海》，短篇小说有小昌的《渔寻》，林贵福的《海边的女人》，红孩的《爱琴海》，马笑泉的《水师的秘密》等；散文有朱佩君的《秋季到温州来看海》等，诗歌有蓝蓝的《海之书》，牧野《海的名字叫寂寞》等。另外，在网络媒体上，有大量书写海洋风光、海洋物产、涉海生活、涉海风俗的散文，也有很多借海抒怀、传情、显志的诗歌。

涉海科普读物取得新成果，出版的著作有武鹏程主编的《我最喜爱的100种海洋生物》《世界上最神奇的100种极地生物》《地球100海洋趣闻》《影响历史的100海洋事件》，陈立奇、刘书燕编著的《南极小百科》。这些作品以通俗易懂、生动活泼的语言见长，在普及海洋知识、传播海洋文明方面发挥了重要作用。

纪实类涉海文学以人物传记为主。海洋人物丛书中的第8本——《大海星空：2016、2017年度海洋人物》在2019年出版。该书以2016年和2017年评选出的多位"海洋人物"为传主，以新闻稿和专题报告为主要形式，采写"海洋人物"拼搏精进的事迹，弘扬博采众长、开拓进取的海洋精神，激励海洋工作者为海洋强国建设贡献一己之力。

整体来看，2019年涉海文学最可贵的价值是将历史沉淀的海洋文化与当下时代的发展、各阶层的生活融为一体，在呈现新时代动向中显示海洋文化的神奇魅力。如赵德发的长篇小说《经山海》将海洋文化的发扬与农村经济文化的发展、基层干部的成长水乳交融地糅合一处，作品巧妙地选取了山东沿海的一个乡镇作为小说发生地，以女主人公吴小蒿就任楷坡镇副镇长开篇，再借吴小蒿的改革措施，如引进世界上最大的全潜式智能渔业装备，筹建"鳃人之旅"项目、建设渔业博物馆等，既回答了新时代的重要命题，又激活了传统海洋文明的魅力。在主题表达上，作品借鲸鱼死后惠及百年的"鲸落"现象，超越了单纯歌颂新时代与基层干部的浅表层面，触探到博大的人生境界、深奥的人性之维，又一次彰显了海洋文化的魅力。作品还采用了一些渔村语言，直接散发出浓郁的海洋气息。

（二）涉海绘画

2019 年涉海绘画延续了近几年的繁荣。海洋画派的展览多次举行。2019 年 5 月 20 日上午，"沧海颂·宋明远从艺 70 年汇报展"和"第七届海洋画派学术研讨会暨宋明远艺术研讨会"在中国美术出版总社"人美美术馆"举行。2019 年 6 月 8 日是第十一个"世界海洋日"和第十二个"全国海洋宣传日"，为了向 2019 年世界海洋日及全国海洋宣传日献礼，天津海洋画家、焦墨海洋画开拓者郭文伟特别创作数幅中国海洋画作品。2019 年 6 月 25 日下午，"海风——王飚中国画作品展"在浙江美术馆开幕。王飚被称为"海风画派"掌门人，已从事海洋绘画二十余年。

另外，几位知名的海洋画家佳作不断，还有新的画家加入海洋绘画，海洋绘画的实力持续增长。

（三）涉海影视

2019 年涉海影视喜获丰收，各种类型的影视片都产出优秀作品。

影响最大的当数科幻电影《流浪地球》，该片在春节期间上映，被赞誉为"开启了中国科幻电影元年"，取得了票房、口碑的双丰收。该片以人类灾难为背景，幻想在太阳衰老之后，地球遭遇灭顶之灾，科学家们提出"流浪地球"的大胆计划，即倾全球之力建造上万座发动机和转向发动机，推动地球离开太阳系，奔往另外的栖息之地。但是，全球的发动机加速造成了海平面不断上升，海水如游龙一般迅速窜入纽约城，人们四散逃跑。发动机工作产生的热量还会进一步加速冰川的消融，从而使全球大洪水变得更加严重。海洋在该片中被作为人类灾难的象征，滔天巨浪在视觉上极具冲击力，表现了人类灾难之巨大，从而也反衬出中国文化在解决世界性灾难时的力量。

涉海文艺电影数量不多，《海门深处》以雕刻大师麦野的返乡之旅将惠安建筑、雕艺与风情等尽情展示，发出保护地方文化的倡议。

《血鲨》可视为海洋生态电影的代表作。影片以主人公明煦阳六年前后在海洋馆的不同遭遇与选择，表现了维护海洋生态平衡的主题。

黄传会导演的《大国行动》讲述中国海军也门大规模撤侨行动，彰显国力、军威，是涉外海洋电影的代表。

2019年的涉海动画片数量较少，影响较大的有三部。《潜艇总动员：外星宝贝计划》将故事的发生地放在浩渺无边、美丽纯净的海洋里。小潜艇阿力偶遇来地球游玩和父母走散的小外星人WUGU，阿力发现外星人很友好。可是别有用心的企鹅教授向大家灌输"外星人有害论"的观点。阿力和朋友贝贝克服了重重阻碍，揭穿了企鹅教授的阴谋，成功送WUGU回家。结尾，海底生物和外星人友善相处传递出大爱无疆的主题。《江海渔童之巨龟奇缘》围绕捕鱼少年满江的英雄举动诠释了南通江海人家特有的历史文化与风土人情。《深海特攻队之超能晶石》以四颗拥有神奇力量的晶石为核心，表达了探寻海洋文化、保护海洋的主题，集科幻与环保于一体。

2019年首播的纪录片《水下中国》第6集"海底粮仓"和《走遍中国》中"煤海蛟龙""登极探底""海上利器"等，把目光投向蓝色海洋，用感性的陈述和理性的思辨介绍中国的海洋资源、海洋事业等，为传播海洋知识、增强海权意识发挥了重要作用。

比起电影，2019年的涉海电视剧数量更多。其突出特点是内容广泛、题材多样。48集电视剧《红鲨突击》堪称海战剧的代表。该剧讲述了1949年至1950年，中国人民解放军解放广东南海诸岛并筹建第一支海军的故事。

40集电视剧《怒海潜沙＆秦岭神树》为盗墓笔记系列之二，讲述"铁三角"吴邪、张起灵、王胖子从西礁海底遗迹归来没几日，得到新的线索，重新出发、一起探寻深埋海底、掩藏无数秘密的明代沉船葬海底墓的故事，是探秘、悬疑剧的成功之作。

爱情电视剧，一类如《大海》《海洋之城》等，一面在真实的生活设定下展开剧情，一面将爱情故事的发生设定在海洋文化巡回演出或超级游轮的旅游中，形成现实主义与浪漫主义相融合的艺术格调。另一类爱情剧则带有

神幻色彩，如《人鱼恋爱法则》《我的白鲸男友》，都在主人公身上设置了灵异元素，表现人们在爱情生活中的各种欲望与挣扎，显示爱情超越种类的伟大力量。

表现沿海城市发展的电视剧有《启航》等。《启航》以渤海市委书记曾雁来在城市发展转型升级中，坚持"江海联运，以港兴市"战略，表现沿海城市发展的新模式。

另外，以人物命运为核心的涉海电视剧有《梦在海这边》《那片花那片海》《澳门人家》等。这几部电视剧或表现海外留学生回国创业、报效祖国的故事，或以服装鞋帽品牌的发展故事塑造福建人勇立潮头的形象，或以一家三代人的命运变迁表现澳门经济萧条、复苏与澳门回归的历史变化。

（四）涉海音乐

2019 年涉海音乐最活跃的仍旧是流行歌曲。流行歌曲因表情达意的多元性和风格的通俗晓畅拥有广大听众。而海洋以壮阔博大的自然特点获得了抒情、写景的巨大空间，似乎人生的种种情感体验都可以借助大海得以充分表达。于是，涉海歌曲关乎思念、痛苦、孤独、追求、志向等心理状态与精神取向，在每一年的流行歌坛上反复现身，2019 年较受欢迎的有《情比海更深》《神树》《海岸》《海面》《海面以下》《黑色海面》《孤独海面》《深海》等。《狂浪》《海草》两首凸显出更浓的时代情绪。这些歌词："狂浪是一种态度/狂浪是不被约束/狂浪 狂浪/一路疯狂一路流浪/一路向远方""你我只是这茫茫人海中/不知天高地厚的那一棵草/所以不要烦恼开心就好/用力去爱用力微笑"都表现了小人物勇敢向上、积极上进的人生追求，和蓬勃向上的时代氛围是一致的。

（五）涉海舞蹈

2019 年的涉海舞蹈二泾分流，一支走民间路线，以动感十足、简单活泼的舞动吸引众多民众参与，将体育结合到舞蹈之中，成为普通人体验舞蹈艺术、强身健体的最佳选择，如最火抖音舞蹈《海草舞》，广场舞《大海》《老人与海》等。

涉海舞蹈的另一支偏向古典，以专业的审美标准设计动作，表演者接受较为严格的训练，以规范化的技艺、内蕴丰厚的寄予呈现艺术追求，如山东艺术学院舞蹈学院师生所表演的《闯海人》是2019年国家艺术基金项目，在闯海人的强劲动作中呈现了中华民族勇敢拼搏的精神。现代群舞《海的追寻》用蓝色的绸扇作为道具来表现海浪，借此表达海峡两岸一衣带水的情感，寓意了对亲人重聚和祖国统一的追寻。第六届全国中小学舞蹈比赛中的《蓝色母亲海》则寄予了人与自然和谐发展的中国理念。

三　中国涉海文艺的发展规律

综观中国涉海文艺的发展，我们会发现有几个主要特点显示出来，这几个特点的形成非个人所为，也非特定部门所左右，而是暗合着文艺发展的基本规律，又体现着涉海的个别性、特殊性，综合为中国涉海文艺的发展规律。

第一，从古至今，涉海文艺作品的数量渐增，尤其20世纪90年代以降，文学、影视、音乐、舞蹈等作品如雨后春笋般冒出来。而作品内容所涉及的范围也呈逐渐扩大的趋势，自然之海、人文之海、历史之海、现实之海、想象之海的呈现有时代性的变迁，及至今日，已悉数被表现。在各文艺品类内部，各文体、类型随时代变迁各有盛衰，但整体上呈逐渐增多趋势。以上特点表明，中国涉海文艺呈良性发展生态。

第二，从主体的创作意识来看，中国涉海文艺经历了一个从随缘性到自觉性的过程。大体来说，中华人民共和国成立前的涉海文艺创作普遍缺乏明确的海洋意识，创作主体一般是因利乘便，从自己的生活经历、情感体验、情志追求出发，在"情以物迁，辞以情发"的冲动下启动涉海创作，其随缘性特点突出。中华人民共和国成立之后，大多数作家、艺术家加入了有较强规约力的文艺组织，部分创作会在组织的安排下进行。文联、作协以及各级宣传

部门对文艺创作题材、导向、宣传作用等的指导、鼓励涉海文艺的发展上升到意识层面,部分作家、艺术家会因涉海创作的需要,去到相关部门、单位、场所采访、体验生活,从而开始自己的创作。另外,在中华人民共和国成立后文艺发展良好的形势下,有海洋生活经历的作家与艺术家,其独创性的意识提升,涉海题材的新颖性、奇异性都推动其有意识地投入涉海文艺的创作。

第三,参与涉海创作的作家、艺术家逐渐增多,并且,业余创作者占比在 20 世纪 90 年代之后明显加大。很多海洋工作者借工作之便,创作了大量涉海文艺作品;沿海省市及海洋部门出于宣传需要,出版、出品了很多纪实类文学作品、纪录片、专题片等。这些变化苗壮了涉海创作队伍,丰富了涉海文艺的成果,扩大了涉海文艺的影响力。但同时,这些成果参差不齐,部分作品质量有待提高。

第四,从外部因素来看,国家的海洋战略、海洋政策直接影响了海洋经济、海洋科学、贸易、航海、文化等,而这些因素又和涉海文艺有着密切的联系,或为涉海文艺提供素材,或为涉海文艺提供动力,如历史上的郑和下西洋和当下国家对海洋经济、文化的重视,都助推了涉海文艺的发展。

第五,发表平台的多寡、传播渠道的通畅与否,同样影响着涉海文艺的生存样态。20 世纪 50～80 年代,文艺主要通过国家的报刊、电台、电视台等媒介发表或播放,涉海文艺与主流意识形态相一致成为其可传播的前提条件,因此这时期涉海文艺的官方色彩较浓。90 年代以降,随着市场经济的冲击,国家文艺政策的宽松,民间刊物大量涌现,地方电台、电视台逐渐壮大,为涉海文艺提供了新的平台与机遇,也造就了涉海文艺民间色彩逐渐加浓的趋势。及至近十几年网络的发达,自媒体提供了更加宽松、便捷的发表、传播机会,涉海文艺更加活跃,非专业民众的参与度更高,为涉海文艺在新时代的发展推波助澜。

四 2021年中国涉海文艺的发展展望

近年来,关注海洋成为全世界共同的政治、经济、文化战略,在这种形势下，涉海文艺欣逢最佳发展机遇，我们可预见今后一年涉海文艺将收获更加丰硕的成果。

（一）纪实类、宣传性涉海文艺将继续走热

由于国家、各级政府、海洋各部门对涉海经济、文化发展的高度重视与大力投入，涉海文艺仍将发挥开掘海洋文化、扩大海洋影响力的宣传作用，因此，能将宣传性、新闻性、科学性、艺术性相综合的纪实类文艺作品仍会获得发展良机，出版、发行相应作品，能产生较为广泛的社会影响。

（二）民间创作仍蓬勃生春

因国家海洋事业与旅游业等的发展，有更多的人群增加、丰富了自己的海洋体验，涉海文艺创作队伍必将增加。同时，因国家针对文艺出版、发行的政策相对宽松，发表平台、传播途径增多，来自民间的涉海文艺成果仍会呈井喷态势。

（三）探秘类影视将获突破

海洋蕴藏着众多神奇，有关海洋的科普读物与纪录片都为探索海洋奥秘做出了贡献，但影响有限。影视作品拥趸众多，而已有的有关海洋秘密的影视作品数量不多，尚有可待挖掘的巨大空间。期待在未来有类似作品出现并获得成功。

（四）"海上丝绸之路"的相关作品有望涌现

"海上丝绸之路"作为国家战略在近几年各行各业中都备受关注，但就涉海文艺而言，除了"郑和下西洋"这个题材被屡次表现外，其他内容尚没有涌现出有影响的文艺作品。这一空缺，一定会被有识之士所发现并表现出来。

（五）精品力作仍受期待

太平盛世、和谐时代为文艺创造了最佳发展环境，外部环境的适宜有利于文艺的整体繁荣，但精品力作的出现需要多种际会同时奏效。因此，当我们欣喜近年涉海文艺的整体发展势头旺盛之余，不免对内蕴丰厚、艺术精湛作品的数量之少感到遗憾。企望新的一年能出现更多精良的涉海文艺作品，以提升涉海文艺的质量。

B.4
中国海洋体育运动的现状与展望

熊芳至*

摘　要：　作为中国海洋体育运动事业的实践者和见证者，笔者在长期深耕一线、开展相关产业调研过程中，逐渐深化对海洋体育运动的认识，见证了近年来的发展成就。本报告从实践及行业观察的角度，根据产业一线运作的反馈，梳理了我国发展海洋体育运动的现实情况——机遇与挑战并存。结合国家相关规划，针对海洋体育运动事业建设中亟待着力之处，探讨了未来的发展方向。报告以"中国杯"帆船赛和深圳帆船产业为例，分析了"以政府引导为先手、以市场运作为动力、以社会参与为主体、以教育培训为基础"的产业路径的可行性。

关键词：　海洋体育　"中国杯"帆船赛　帆船产业

一　引言

我国是世界上海岸线最长的国家之一，大陆岸线长达18000多公里，岛屿岸线约14000公里，海岸线总长居世界第四;① 中国的很多地方位于中低纬度区，拥有广大面积的亚热带和热带气候区，具备全年开展海洋体育活动

* 熊芳至，中国帆船帆板运动协会宣传及市场委员会委员，中国杯帆船赛组委会秘书处主任，深圳市纵横四海航海赛事管理有限公司副总裁，暨南大学特聘讲师，研究领域：海洋体育、体育产业、赛事运营、航海教育。

① 中华人民共和国中央人民政府：《国情》，http：//www.gov.cn/guoqing/index.htm。

的气候条件。发展海洋体育运动已成为提升国民海洋意识、深度利用我国海洋资源、维护我国海洋权益、迈向海洋强国的必由之路。

二 海洋体育运动内涵

（一）界定

海洋体育运动是面向海洋，以海洋资源为基础，在海洋（也延伸至江、河、湖、泊等水资源）及周边区域开展的多样化体育活动，是实现休闲娱乐、身体锻炼、运动康复、体育竞赛、文化交流及满足精神需求等功能的参与性活动。开展海洋体育运动需要综合评估参与人员身体素质、体育运动项目特点、运动器材器械、活动区域、体育运动行为规范、水上交通安全等各项因素。海洋体育运动的开展也体现了参与体育运动的个人、企业、组织、行业协会、政府职能之间关系的合集。

（二）类型

海洋体育运动在运动类型上可以有不同范畴的划分。如依据海洋体育运动的主要活动空间与水面之间的关系，可以将其大致分为三种主要类型：水上、水下、水上水下混合状态。目前国内开展时间较早、受众群体较广、知名度较高的项目主要有帆船、帆板、赛艇、皮划艇、冲浪、公开水域游泳、潜水、龙舟、风筝板、桨板等。

（三）特征

1. 生态环境依赖性

在地域环境上，海洋体育运动以海洋、江、河、湖、泊及其周边区域作为主要活动场所。气候气象、水文状况、地质结构及地形地貌等自然因素是影响海洋体育运动开展的重要条件。发展海洋体育运动还需要考虑所处区域的基础设施、城市建设、文化传统等因素。

在生态问题上，海洋及各类水域生态环境的优劣对开展海洋体育运动具有直接而深刻的影响。海洋生态系统不仅受到诸如地震、台风、海啸和火山爆发等不可控制的自然因素的威胁，而且还易受到如污水排放、垃圾漂流、不合理的城市规划和过度捕捞等人为活动的影响。

2. 关联国民禀赋

海洋体育运动激发人类勇于挑战、探索、开拓、进取、开放、创新、合作、战胜困难的精神。海洋文明具有广阔性和不确定性，海洋精神的一个重要特征是克服对于不确定环境的恐惧，迈向未知，勇于探索和拼搏。经常进行海洋体育运动的人，不仅能增强自身身体素质，更能在心理和精神层面展现坚韧不拔、积极进取、乐观向上的面貌。从对国民禀赋的塑造层面来说，我国普及海洋体育运动能促进黄土文明和海洋文明的交融交汇，让国民从农耕文明的特质中发展出适应当今世界发展的进取、开拓、勇于面对不确定性的品质。

青少年是可塑性较强的群体，强化国民海洋意识应从青少年抓起。2020年疫情期间，24 名荷兰中学生因航班取消，利用自己掌握的帆船驾驶技术，耗时 1 月余横渡大西洋从加勒比海回到荷兰。[①] 据了解，海洋文化和帆船运动培训在荷兰等西方海洋国家的普及程度非常高。海洋体育运动给青少年带来的独立精神、团队意识、探索能力、目标感以及顺势而为的智慧，正是实现中华民族伟大复兴的下一代接班人所必需的。海洋体育展现出的魅力和对于国民精神面貌的提升作用已超越运动范畴，并为国家的建设和发展创造历史机遇。

3. 互动性及体验性

海洋体育运动以涉海、亲水为主要形式，海洋环境、水环境直接融入整个体育运动过程。参与主体完全置身于海洋环境、水环境中，通过协调身体机能，运用器材（如帆、板、潜水设备等）与海洋环境互动，用感性

---

① 《24 个荷兰中学生靠帆船横渡大西洋回国》，腾讯网，https：//xw.qq.com/cmsid/20200502A0K88500。

思维直观体验周围环境变化，用理性思维理解、应对与利用风、水、流等的变化，力求在运动过程中达到与海洋环境的深度互动与融合。海洋体育运动项目充满新奇性、冒险性和挑战性，参与主体在运动过程中达到复杂、深度、强烈的体验效果，从而激发其深刻的内心感受。

4. 安全性

海洋环境的复杂性、多样性、变化性决定了海洋体育运动的系统风险。安全是进行任何体育运动最基本的要求。海洋体育运动给参与运动员带来刺激体验的同时，对于安全保障提出了更高的要求。在组织海洋体育运动赛事时，赛事组织方应周密部署，制定并实施安全保障方案，防止其他因素影响比赛，保证赛事安全，同时尽量降低赛事对周边区域正常生产生活的影响。各单位应组织相关力量，防止和处置赛事期间可能出现的海上交通事故、人员意外落水、海上污染事故等突发事件，确保海洋运动赛事办成安全、祥和、绿色的体育盛会。

三 我国海洋体育运动事业取得的阶段性成就

（一）市场规模不断扩大

2018 年全国体育产业总产值为 26579 亿元，同比增长 20.81%（见图 1）；增加值为 10078 亿元，同比增长 29.02%（见图 2）。[1] 体育产业增加值对 GDP 的贡献首次突破 1%，占国内生产总值 GDP 的比重从 2017 年的 0.95% 跃升至 1.1%。

近年来，我国海洋经济发展态势良好，在一些领域完成了重大突破，在国家经济中成功发挥了"稳定剂"的效果。以环渤海、长三角和珠三角经济区为主的海洋经济总产值逐年增加。海洋三次产业结构初步实现"三二

---

[1] 国家统计局：《2018 年全国体育产业总规模和增加值数据公告》，http：//www.stats.gov.cn/tjsj/zxfb/202001/t20200120_ 1724122. html。

一"的格局,海洋新兴产业前景明朗。2019 年,全国海洋生产总值为 89415 亿元,同比增长 6.2%,占 GDP 比重达到 9.0%,占沿海地区生产总值的比重为 17.1%。其中,海洋第三产业增加值为 53700 亿元,占比不断提升,达到海洋生产总值的 60.0%。① 海洋体育产业业务领域集中在第三产业,作为新兴热点产业的海洋服务业,其地位正在不断提高。

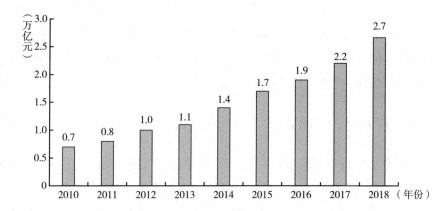

图 1   2010～2018 年中国体育产业总产值

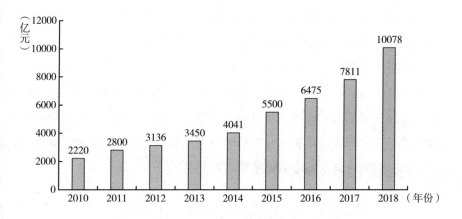

图 2   2010～2018 年中国体育产业增加值

---

① 中华人民共和国自然资源部:《2019 年中国海洋经济统计公报》,http://gi. mnr. gov. cn/ 202005/t20200509_ 2511614. html。

（二）产业融合趋势愈加清晰

海洋体育运动的商业价值来自其较高的社会关注度，对传媒、餐饮、交通、休闲旅游、游戏开发、体育健身、体育用品、教育培训等各个行业具有较强的带动作用。近年来，中国海洋体育运动从传统的单一竞技内容，逐渐延伸到赛事举办、教育培训、海洋体育项目体验等多元化运作模式，形成了配套经营环节，在海洋体育＋互联网、海洋体育＋文化、海洋体育＋旅游、海洋体育＋地方节庆等方面不断融合，有效带动了互联网、文化行业、旅游、地产、餐饮、零售等相关产业的发展。

（三）具有代表性的行业协会功能强化

2018 年，中国帆船帆板运动协会筹备发起中国帆船城市发展联盟，围绕深圳、上海、秦皇岛、海口等重点区域并携手青岛、厦门等沿海重点城市以及九江、苏州、武汉、黄石等内湖重点城市打造中国帆船城市发展联盟，进行城市帆船产业的整体规划。①

2019 年 8 月，来自 23 座城市的政府和企业近 300 名代表齐聚秦皇岛，出席"远洋·蔚蓝海岸 2019 中国帆船城市发展研讨会"，研讨会现场进行了中国帆船发展联盟城市授牌仪式——中国帆船帆板运动协会向秦皇岛、深圳、烟台、青岛、连云港、日照、珠海、厦门、苏州、锦州、黄石、海口、三亚、九江、哈尔滨、武汉、防城港、天津、宁波、潍坊等城市授牌，鼓励各城市进一步完善城市帆船产业发展的各项规划和建设，让帆船为城市百姓造福，让帆船成为滨水城市新的希望、新的未来。②

---

① 《中帆协主席张小冬：对中国城市帆船发展的三点建议》，新浪网，http：//sports. sina. com. cn/others/sailing/2019 - 11 - 22/doc - iihnzahi2619097. shtml。
② 中国帆船帆板运动协会：《2019 中国帆船城市发展研讨会：近 300 名人士参与，聚焦城市帆船发展》，http：//www. chinasailing. org. cn/news/213。

（四）海洋体育赛事供给逐渐丰富

2007 年，首届"中国杯"帆船赛在深圳举行，吸引了世界五大洲的船队参赛；2009 年，世界帆联将其列入世界帆船重要赛事赛历；2013 年，入选《体坛周报》年度"中国十大最具品牌价值体育赛事"；① 2015 年，世界帆船联合会授予主办单位深圳市政府"推动航海运动特别贡献奖"；几年来，5 次获得"亚洲最佳帆船赛事"荣誉。

2008 年，奥运会和残奥会帆船比赛在青岛举办，全球关注。十余年来，克利伯环球帆船赛、沃尔沃环球帆船赛、国际帆联世界杯帆船赛等具有重大影响力的海洋体育赛事相继引入青岛，赋予了青岛"帆船之都"的城市名片。

2009 年，厦门举办了第一届"海峡杯"帆船赛。截至 2019 年，该赛事已成功举办了七届。"海峡杯"帆船赛的举办，加强了海峡两岸的体育和文化交流。

在最近一届沃尔沃环球帆船赛 2017～2018 赛季中，主办城市包括中国香港和广州，这也是香港和广州首次举办这项帆船赛事。同时在本届赛事中，东风队代表中国首次获得冠军。

为配合上海城市发展的需要，推动"建设全球著名体育城市"，上海市举办了 2019 年中国龙舟公开赛（上海·普陀站）、上海邮轮港国际帆船赛、2019UIM 世界 XCAT 摩托艇锦标赛等海洋体育赛事。

海南策划和建设大型海洋体育赛事经验丰富，开发了一系列赛事活动，如横渡琼州海峡游泳大奖赛、环海南岛国际大帆船赛、2019 中国大众帆板巡回赛等。

另外，一些内河、内流、内湖资源丰富的地区也积极举办发展了一些重大赛事活动，如湘江杯国际帆船赛、苏州河国际皮划艇马拉松赛、柳州国际内河帆船赛、2019 中国·西昌邛海国际帆船赛以及 2019 中华龙舟大赛成都站等。

---

① 《中国杯帆船赛品牌价值 2.5 亿》，精艇网，https://www.jyacht.com/news/saishi/20142/j0622783.shtml。

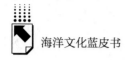

十余年来，中国海洋体育赛事的影响力不断扩大，从上游的帆船游艇设计、制造与配套环节，到中游的销售和消费中心环节，再到下游的码头建设、航道、运输及仓储服务等相关联产业以及区域周边产业，都受益于举办海洋体育赛事的外溢效益。

（五）顶尖运动员实力凸显

在我国海洋体育运动事业多年的发展过程中，参加国际重大海洋体育赛事的中国运动员越来越多，中国运动员已成为世界海洋体育运动大家庭的重要成员，与国际一流的帆船队和运动员同台竞技，努力拼搏相继走上国际领奖台（见表1）。

表1　中国海洋体育运动优秀代表运动员

年份	运动员	赛事项目	成绩	重大意义
1992	张小冬	巴塞罗那奥运会 A390 女子帆板	银牌	亚洲奥林匹克水上运动奖牌"零"的突破
1996	李丽珊	亚特兰大奥运会帆板锦标赛	金牌	中国第一枚奥运会帆板项目金牌
1996	张秀云、曹棉英	亚特兰大奥运会双人双桨赛艇	银牌	中国第一枚奥运会赛艇项目奖牌
2004	杨文军、孟关良	雅典奥运会男子双人划艇500 米	金牌	中国第一枚奥运会皮划艇项目金牌
2008	杨文军、孟关良	北京奥运会男子双人划艇500 米	金牌	卫冕冠军
2008	殷剑	北京奥运会女子 RS - X 级帆板	金牌	中国内地第一枚奥运女子帆板项目金牌
2008	唐宾、金紫薇、奚爱华、张杨杨	北京奥运会女子四人双桨赛艇	金牌	中国第一枚奥运会赛艇项目金牌
2012	徐莉佳	伦敦奥运会激光雷迪尔级帆船	金牌	该级别亚洲帆船史上的首枚奥运会金牌
2015	陈佩娜	世界女子 RS - X 级帆板锦标赛	金牌	中国运动员首次在奥运级别的帆板项目世锦赛中夺冠
2017	叶兵	世界男子 RS - X 级帆板锦标赛	金牌	中国大陆男子运动员首次在该项目世锦赛中夺冠
2018	王奥林	巴拿马蓝洞深度挑战赛	3分22秒下潜110 米	将中国自由潜水深度纪录改写至110 米

四　我国海洋体育运动的现状——机遇与挑战并存

（一）当前我国发展海洋体育的优势条件

1. 消费蓝海，前景广阔

2014 年国务院办公厅发布《关于加快发展体育产业促进体育消费的若干意见》（"46 号文"）以来，政府加大简政放权力度，奠定了体育产业政策的市场化基调，体育产业正式进入了市场化发展的快车道。2016 年，国家九部委联合发布《水上运动产业发展规划》，更加具体地为我国发展海洋体育运动产业指明了方向。近年来，一系列旨在促进体育产业发展的政策相继出台，不断为市场带来重大利好（见表 2）。特别是海洋体育产业作为新兴热门产业，随着国家经济社会的发展和体育事业的不断建设，预计未来具备高确定性的成长空间。

表 2　国家对于海洋体育市场的宏观规划

年份	发文机构	政策文件	市场前景预测
2014	国务院办公厅	《关于加快发展体育产业促进体育消费的若干意见》	大幅简政放权、拥抱市场，取消不合理的行政审批事项，取消商业性和群众性体育赛事活动审批，通过市场机制积极引入社会资本承办赛事；到 2025 年体育产业总规模超过 5 万亿元，成为推动经济社会持续发展的重要力量
2016	国家体育总局等九部委	《水上运动产业发展规划》	到 2020 年水上运动产业发展总规模达到 3000 亿元，水上运动俱乐部达到 1000 个，全国水上（海上）国民休闲运动中心达到 10 个
2018	国务院办公厅	《关于加快发展体育竞赛表演产业的指导意见》	大力发展职业赛事和支持引进国际重大赛事，到 2025 年，我国体育竞赛表演产业总规模达到 2 万亿元
2019	国务院办公厅	《关于促进全民健身和体育消费，推动体育产业高质量发展的意见》	推动体育产业成为国民经济支柱性产业

2. 海洋城市规划蓝图

2017 年，国家发改委、国家海洋局公布《全国海洋经济发展"十三五"规划》，提出"推进深圳、上海等城市建设全球海洋中心城市"。① 截至目前，深圳、上海、天津、大连、青岛、宁波和舟山，都已提出建设全球海洋中心城市的战略（见表3）。

2019 年 10 月，作为中国唯一的全国性综合性海洋博览会和国际经济贸易展览会，"2019 中国海洋经济博览会"在深圳举行。在加快建设国际航运中心、促进海洋战略新兴产业和现代海洋服务业发展、加强科技攻关与成果转化、提升海洋综合管理和海洋生态治理能力的同时，建设全球海洋中心城市离不开海洋体育运动相关产业，以发展海洋体育运动作为探索全球海洋中心城市建设的着力点，也将长期赋能"海洋强国"战略。

表3 城市海洋开发利用规划方案

时间	发文机构	政策文件	规划方案
2017.09	国家发改委、国家海洋局	《全国海洋经济发展"十三五"规划》	推进深圳、上海等城市建设全球海洋中心城市
2018.01	自然资源部	《深入贯彻习近平总书记新时代中国特色社会主义思想，努力开创新时代海洋事业新局面》	进一步要求在粤港澳大湾区培育世界级海洋高端产业集群，打造更具全球影响力的海洋中心城市
2019.02	国务院办公厅	《粤港澳大湾区发展规划纲要》	"坚持陆海统筹，拓展蓝色经济空间"，坚持国家"十三五"规划以来海洋经济发展的核心要义，为深圳建设成为全球海洋中心城市进行了重大部署
2019.08	国务院办公厅	《中共中央、国务院关于支持深圳建设中国特色社会主义先行示范区的意见》	支持深圳加快建设全球海洋中心城市，按程序组建海洋大学和国家深海科考中心，探索设立国际海洋开发银行

---

① 国家发展改革委、国家海洋局：《全国海洋经济发展"十三五"规划》，http://www.mofcom.gov.cn/article/b/g/201709/20170902640261.shtml。

时间	发文机构	政策文件	规划方案
2020.03	浙江省人民政府	《2020 年建设海洋强省的重点任务清单》	从 2020 年开始,在"建设全球海洋中心城市"目标的指导下,分步启动宁波和舟山建设规划
2020.04	上海市人民政府	《关于上海加快建设全球海洋中心城市的建议》	在上海市"十四五"规划中将建设全球海洋中心城市纳入城市发展目标
2020.04	大连市人民政府	《大连市加快建设海洋中心城市的指导意见》	明确了建设海洋中心城市的五个核心任务和阶段目标
2020.05	青岛市人民政府	《经略海洋攻势推进情况质询会议要点》	明确提出建设全球海洋中心城市的目标

3. 健康意识觉醒,体育消费升级

2016 年,《全民健身计划(2016~2020 年)》指出,到 2020 年中国体育人口将达到 4.35 亿人。[1] 2019 年 9 月,国务院办公厅印发《体育强国建设纲要》,指出到 2035 年经常参加体育锻炼的人数比例达到 45% 以上。[2] 随着民众健康意识觉醒和消费水平的提升,未来中国体育人口比例将有巨大的提升空间。2020 年新冠肺炎疫情后,社会心态的变化将极大加速这一过程,国民会越来越重视改善自己的身体素质,并逐渐增加体育方面的投入。

4. 资本布局,催化成长

懒熊智库统计数据显示,2019 年,中国体育创投领域共完成 87 起投融资事件,公布投融资金额的共 69 起,总额为 39.69 亿元人民币。[3] 海洋体

---

① 国务院办公厅:《全民健身计划(2016~2020 年)》,http://www.gov.cn/xinwen/2016-06/23/content_5084638.htm。
② 国务院办公厅:《体育强国建设纲要》,http://www.gov.cn/zhengce/content/2019-09/02/content_5426485.htm。
③ 懒熊体育:《2019 年国内外体育领域融资总结》,http://www.lanxiongsports.com/posts/view/id/17721.html。

育产业是新兴的投资入口，它是一个竞技性、娱乐性、互动性、社交性较强的行业，体育项目的观众和"粉丝"能发展成具有特色的社交媒体平台，催生出广告效应和品牌衍生商品，与此同时相应配套的设计研发、服务、制造等需求将应运而生。海洋体育产业囊括了当前中国最热门的投资元素——娱乐、消费、媒体与社交。以粤港澳大湾区为例，作为全球资本集中程度较高的地区之一，近年来海洋体育俱乐部在资本青睐下进入了建设快车道（见图3）。

（二）当前制约我国海洋体育运动发展的因素

1. 海洋意识薄弱

从历史上看，我国的农业文明繁荣昌盛，但它不能掩盖国民海洋意识薄弱的问题。很多人对海洋感到陌生、遥远的观念根深蒂固，对于海洋体育没有太多认识，觉得空洞而遥不可及。思想是行动的先导，国民海洋意识薄弱成为长期制约海洋体育运动发展的瓶颈。

2. 海洋生态环境情况亟待改善

海洋水质情况直接决定了大众进行海洋体育运动的兴趣，也决定了区域能否达到举办高等级海洋体育赛事的标准。根据《2018年全国生态环境质量简况》数据，劣于四类海水水质标准的海域面积占管辖海域的1.1%，主要分布在辽东湾、渤海湾、莱州湾、江苏沿岸、长江口、杭州湾、浙江沿岸、珠江口等近岸区域。[①] 当前我国海洋环境情况并不乐观，海洋环境形势依然严峻，离深度发展"亲水运动"的要求仍有较大差距，特别是经济发达的沿海近岸区域，海洋环境恶化情况比较严重，但海洋体育运动的消费人群又主要分布在这些经济发达的沿海近岸区域，这就形成了矛盾关系。

3. 相关基础设施建设滞后

海洋体育运动涉及一系列部门，如电力、交通、餐饮、住宿、医疗等。

[①] 中华人民共和国生态环境部：《2018年全国生态环境质量简况》，http://www.mee.gov.cn/xxgk2018/xxgk/xxgk15/201903/t20190318_ 696301. html。

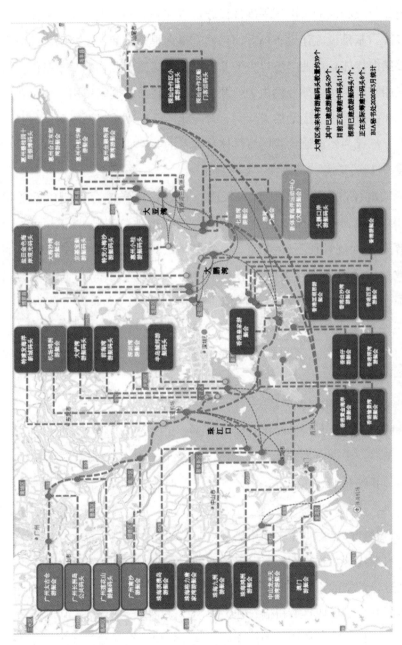

图 3 粤港澳大湾区游艇港（码头）分布示意图

资料来源：深圳市休闲船艇协会制图。

具体来说，岸线、沙滩或者港地以及岸上必要的船只、车辆停放、接待、办公等设施场所及相应的水电网等硬件设施都应配套完备。由于我国海洋事业建设起步晚，基础设施建设布局方面仍然有很大提升空间。公共码头的建设是发展成熟海洋体育产业必不可少的基础，是帆船游艇普及的基本条件。当前国内帆船游艇码头大部分都由企业开发建设，高昂的会籍费用、泊位费用限制了帆船游艇等水上运动的大众化、普及化。基础设施建设滞后、配套设施不完善，已成为当前制约我国海洋体育消费的关键瓶颈。

4. 管理机制、制度建设需跟上实践发展

我国的海洋体育事业起步相对较晚，在以往海洋体育事业建设的过程中，相关政府职能部门主要精力集中在提高运动员竞技水平方面，存在着体育事业行政管理不够灵活、相关法律法规建设未跟上实际发展的需要、教育普及培训工作力度不够和不规范、市场化参与度低、社会资源利用不合理等问题。伴随着海洋体育的蓬勃发展、产业融合的大力推进，海洋体育产业涉及越来越多的参与主体，需要各级政府职能部门、行业协会、企业和个人之间加大沟通和协调力度，加强制度建设，形成良性的互动机制。

5. 工业设计、制造需补足短板

由于历史原因，我国海洋体育装备制造业在设计基础研究数据积累、设计方法与工具、美学设计理念等方面与工业设计第一阵营国家存在较大差距。目前，我国高端海洋体育运动装备市场长期被国外龙头企业占领。以帆船游艇为例，法国、英国、美国、德国等发达国家是世界上领先的帆船游艇出口国家，其产品已占据了中国市场进口帆艇的主要份额。意大利在高端船艇品牌上占据优势。根据2019年国家税率方案，进口潜水装备需要征收的税费占到进口价格的40%左右，形成了较高的消费门槛。政府、行业协会、企业应达成共识，形成良好机制，加大力度提升工业设计短板，从制造源头上实现国产替代。这将成为我国海洋体育运动实现大众化和普及化目标的突破口。

6. 专业人才队伍需要加大建设力度

近年来，在海洋体育事业快速发展的过程中，吸引了越来越多的优秀人才的加入。但喜人成绩的背后，海洋体育事业人才队伍建设中仍然存在一些薄弱的环节。

一是各类人才储备不足。海洋体育产业作为新兴产业，无论是上游的装备设计、制造与配套环节，还是中游的销售、培训、管理和服务环节，及下游的配套基础设施建设环节，都或多或少缺乏相应的人才队伍，人才队伍建设的速度落后于产业规模扩张的速度。二是吸纳人才平台缺乏。大量引进具有国际视野，具有行业经验，拥有设计、制造、管理、金融、营销等背景的专业人才，是海洋体育事业建设的重要环节，但人才队伍建设离不开必要平台，国内海洋体育产业在运作体系、企业规模、激励机制、配套服务等诸多领域的现有条件与海洋体育事业建设的高标准存在差距。三是人才培养基础较薄弱。中国海洋体育事业建设不能完全依赖引进人才，本土培养的人才往往更了解国内现实需求。国内的高校和科研院所应继续创新产教融合，加强教育培养与社会实践的结合，为海洋体育事业发展输送优质人才。

五　我国海洋体育运动未来发展的方向

（一）可持续发展战略

海洋体育运动可持续发展战略是一个既保护海洋生态环境，又能满足海洋体育运动需求的发展模式。与传统陆地环境治理相比，海洋生态污染具有流动性大、波及面积广、治理难度大、不可控因素多和治理边界模糊等特点。海洋在大气循环和海陆循环过程中所发挥的作用，使其成为众多污染物的蓄积地。从这个角度出发，发展海洋体育运动事业，在生态保护领域必须坚持陆海统筹，协同治理流域海域，推动科学研究，强化政府管理机构跨部门协调能力，在顶层设计和系统规划层面推出控制污染排放、资源开发、生态保

护等方面的方案。另外，应充分联动社会团体、环保公益组织加大宣传力度，促进民众海洋环境保护意识的提升，推动海洋自然生态环境保护的科学管理。

（二）加大海洋体育运动设施建设

公共码头是普及海洋体育运动、支撑产业发展的重要基础设施。发达国家的公共码头是城市重要的市政基础设施之一，具有明显的公益性质，其投资、建设、运营多由政府主导。

2016 年 11 月，国家体育总局等九部委联合印发《水上运动产业发展规划》，将"加强运动设施建设"列为首要任务（见图 4）。① 2017 年 11 月，由海南省人民政府与国家体育总局合作共建的国家帆船基地公共码头正式动工。该码头规划建设 610 个泊位，陆上项目将打造游客中心、灯塔、维修车间、干仓等配套公共设施，助推水上运动及水上旅游发展，是近年来亚洲建造工程规模最大的公共码头。② 2019 年底，海口市国家帆船基地公共码头水上工程项目正式竣工投入使用。建成后，将以海口市国家帆船基地公共码头为平台，开展海上观光、帆船体验、游艇培训等体验活动，并举办环海南岛国际大帆船赛、海洋文化旅游节、国际海钓大赛、琼台国际游艇展等大型赛事活动，通过"体育＋旅游"方式，全方位助推海口水上运动及水上旅游发展。③

基础设施建设具有人民性的特点，即与广大人民群众的存在融为一体并为人民服务。大众化、普及化、社会化应成为海洋体育事业发展的趋势。虽然基础设施建设具有重资产的性质，但通过完善基础配套设施，有利于吸引到更多的社会参与力量和流动资本，最终降低或完全回收其成本并开发新的增长空间。

---

① 国家体育总局等九部委：《水上运动产业发展规划》，http：//www. sport. gov. cn/n316/n340/c774639/content. html。

② 《海口市国家帆船基地公共码头开港》，中国新闻网，https：//baijiahao. baidu. com/s？id＝1620009953732798538&wfr＝spider&for＝pc。

③ 《体旅融合助力海口"扬帆"》，2020 年 7 月 3 日《南国都市报》，http：//ngdsb. hinews. cn/html/2020－07/03/content_ 6_ 1. htm。

三、主要任务

（一）加强运动设施建设

完善水上运动基础设施网络，加强水上运动基础设施的建设，做好水上运动基础设施规划与城市总体规划、土地利用规划、水利规划、水功能区划、海洋功能区划、村镇规划的衔接。科学规划水上运动设施空间布局，适当增加水上运动设施用地和配套设施配置比例。结合水上运动特点和运动大众需求，以帆船、赛艇、皮划艇项目为引领，改造一批国家级水上运动训练基地，开发大众海事市场，丰富基地服务供给，构建基地型船艇码头服务网络。在保障防洪安全、保护自然资源和生态环境的基础上，充分利用公园水域、江河、湖海等区域，重点建设一批便民利民的水上运动设施。

推动运动船艇码头建设。根据船艇码头建设需求，结合旅游、文化等行业的需要，建立船艇码头分类分级建设标准体系，根据区域经济条件、招商引资程度、项目营运难易等因素，实行"公共船艇码头（停靠点）"、"配有一定量商业服务设施码头"、"集旅游服务、运动娱乐、商业会展于一体综合型码头"的三级建设模式，并与全民健身场地工程和健康养老服务工程统筹建设，积极推动示范城市的公共船艇码头（停靠点）建设，注重环境污染防治、符合防洪要求和水域岸线管控要求，避开重要饮水源地和自然保护区，积极推广政府和社会资本合作模式，引导社会力量建设运营运动船艇码头。

> **专栏1 推动运动船艇码头建设**
>
> 推进水上运动公共船艇码头（停靠点）试点，加速码头水上运动的发展，创新公共船艇码头（停靠点）的社会组织管理和运营，基本形成现代水上运动体系，激发公共船艇码头（停靠点）活力，推行公共船艇码头（停靠点）设计、建设、运营管理一体化模式，将办赛需求与赛后综合利用有机结合。
>
> 将长江三角洲、珠江三角洲、环渤海、东海沿海、西南沿海有条件的城市列为公共船艇码头（停靠点）示范城市，先行规划布局建设公共船艇码头（停靠点），每个示范城市至少建设1个公共船艇码头（停靠点），同时发挥市场的决定性作用，配套建设相应的码头综合服务功能，在此基础上，通过推动、扶持、推广，在全国范围内初步形成10个左右国家级水上（海上）国民休闲运动中心。

盘活现有水上资源，盘活水上设施资源，推广管办分离、公建民营等运营管理模式。鼓励对城市现有船艇码头、渔业码头等各类码头进行梳理，结合港区功能调整，制定相应政策促进对公众开放。

图4　《水上运动产业发展规划》：加强运动设施建设

（三）加强教育培训，规范行业准入

中国海洋体育事业发展需要以教育培训为根基。尽管任何类别海洋体育培训有其内在特点，但也均为系统工程。以帆船游艇驾驶培训为例，合法、严谨、科学、系统、安全的教学培训是基本要求。

中国海事局颁布实施的《中华人民共和国船员教育和培训质量管理规则》以及《中华人民共和国船员管理质量管理规则》，明确规定航海教育机构必须建立质量管理体系，并通过主管机关的审核，取得质量体系证书，才可开展航海教育与培训。2013年5月，国家体育总局将潜水列为四项高危险性项目之一，并规定包括培训在内的潜水机构必须事先取得高危证许可才能组织潜水活动。[①]2016年1月1日起施行的《海南省潜水经营管理办法》规定，潜水经营者在满足国家规定的许可条件外，应当依照法律、法规办理海域使用许可等相关手续，禁止超出核定的经营范围或者在未经批准的海域从事潜水经营活动。[②]

---

① 国家体育总局：《国家体育总局关于做好经营高危险性体育项目管理工作的通知》，http://www.sport.gov.cn/n16/n1092/n16879/n17351/4060108.html。

② 海南省人民政府：《海南省潜水经营管理办法》，http://www.hainan.gov.cn/hainan/szfwj/201510/cf2dfb7f34f24713badea121aa238a48.shtml。

2016 年的《水上运动产业发展规划》将"加强水上运动教育培训"列入专栏，强调了要全面提升水上运动教育质量（见图 5）。① 在这方面，在深圳率先成立的纵横四海帆船游艇驾驶学院，自主编写了国内第一套《帆船驾驶与操作理论》和《游艇与帆船操作培训教材》，建立了在中国适用的培训标准和培训体系，并获得了中国帆船帆板运动协会和海事部门的批准和认证，形成了规范的机械辅助类帆船培训、考试、发证的考核体系。2017年，此体系也获得了世界帆船联合会的认证。

> **专栏3 加强水上运动教育培训**
>
> 以水上运动协会、体育院校为主体，以帆船、赛艇、摩托艇、滑水、潜水、极限漂流协会为依托，充分利用全国体育教育资源，通过水上项目的试点实践，推动水上运动进校园，探索建设水上运动项目专项学院，逐渐将水上运动其他项目纳入运动学院体系。
>
> 主要培养运动竞技型、运动经济型、运动管理型、运动生理型、运动培训型、赛事运作型、运动保险型、职业经理人等人才，为水上健身休闲运动的可持续发展提供人才储备力量。
>
> 开展水上运动各类培训教材的编制，为水上运动发展提供科学化理论依据，以更好地指导运动实践。

图5　加强水上运动教育培训专栏

当前海洋体育运动培训市场存在缺乏培训资质认证、恶性竞争、安全漏洞大等现象，政府管理部门应加快制定培训行业管理标准，完善海洋体育运动培训机构准入标准、规范从业人员及学员资质考核认证、加大监管力度以及实施"黑名单"禁入制等。

（四）加强水上安全知识普及，提升安全保障能力

提高海洋体育运动的安全系数，降低系统风险，需要各方的通力合作。政府部门应加强安全宣传教育，完善相关法律法规，针对违规操作加大执法力度；行业应制定、推行安全统一规范标准；企业要加强行业自律，维护消费者安全权益；运动参与人员要牢记安全红线，遵守规定，规范自身行为。在一些特殊区域，如军事演习、航行、污染和高威胁生物出入海域，政府部门更应加强宣传警示力度和巡逻密度。近年来，从国家、

---

① 国家体育总局等九部委：《水上运动产业发展规划》，http://www.sport.gov.cn/n316/n340/c774639/content.html。

地方再到行业，都在加紧制定海洋体育产业的相关管理方法和安全规定。2014 年，中国潜水打捞行业协会发布了《潜水管理办法》和《潜水及水下作业通用规则》，细化了各方面的安全规定，来保障潜水运动员的健康与人身安全的权益。①

深圳海事局连续六年与深圳市教育局联合印发《深圳海事局深圳市教育局关于开展青少年水上交通安全知识进校园活动的通知》，形成了由深圳海事局、深圳市教育局共同牵头，教育机构、共青团、志愿服务组织和社会机构广泛参与的水上安全知识进校园宣传教育格局。

（五）弘扬优秀传统海洋文化、树立海洋文化自信

中华优秀传统海洋文化是中华优秀传统文化的关键组成部分，弘扬中华优秀传统海洋文化有利于增强民族自信心、民族自豪感和民族凝聚力。世界帆船、船舶的一系列关键发明源于中国，如水密隔舱、纵帆装、船艉舵、披水板等。中华传统舟船是中华民族海洋文化自信的重要基石。

为传承、复兴和保护中华传统舟船文化，"中国杯"帆船赛组委会、中华传统舟船协会、交通部交通运输通信信息集团上海股权投资基金管理有限公司在 2019 第十三届"中国杯"帆船赛期间（11 月 6 ~ 10 日）联合举行了"中国传统帆船展示、表演、体验"公益活动，向全世界 30 多个国家和地区的赛队展示中国传统舟船文化。活动邀请各地非遗传承人、造船工匠携 8 艘中式传统帆船进行实船展示活动。这是中国第一次在大型国际帆船赛事中真正展示中式传统帆船，吸引了国内外参赛选手、观众及媒体的广泛关注。赛事期间也吸引了众多学生及市民抵达现场参观欣赏。

在推广海洋体育的过程中，教育者应加强对我国海洋历史和传统文化的

---

① 中国潜水打捞行业协会：《中国潜水打捞行业协会关于发布〈潜水管理办法〉和〈潜水及水下作业通用规则〉的通告》，http：//www. cdsca. org. cn/tongzhi/shownews. php？id = 259& lang = cn。

研究、宣传，并转化为文化、体育教学中的一个环节，拉近学生与海洋的距离，让学生感受到我国同样是拥有悠久海洋文明的国家，增强海洋文化自信。

暨南大学深圳校区与纵横四海航海俱乐部自 2017 年起开展常态化校企业合作，在暨南大学大学生中开设为期一学期 2 学分的"航海文化概论"课程，向大学生介绍中华优秀传统文化的同时，紧密结合社会实践，为大学生毕业后提供更广阔的择业、就业空间。

（六）传统媒体和新媒体结合，加大传播力度

近年来基于互联网、数字产业的迅速发展和渗透，海洋体育产业见证了流媒体直播个性化、开放化、社交化的明显转变。先进通信技术及人工智能技术的使用，助力行业推出数字媒体直播解决方案，使海洋体育直播内容直接面向大众成为可能。2018 年，"中国杯"帆船赛使用旗鱼体育自主研发的国内首个 3D 全景直播轨迹系统，首次实现了国内帆船赛事直播界面由二维到三维的转变。在此之前，只有"美洲杯"帆船赛和沃尔沃帆船赛等国际顶尖帆船赛事拥有此技术。直播系统的引入，使船距离更准确、方位线更准确、绕标与风帆操作更清晰，而且极大地提高了观赏性和传播力度。2018 "中国杯"帆船赛 3D 直播覆盖了包括哔哩哔哩、优酷土豆、企鹅电竞、快手在内的 5 家视频投放品牌和 20 家合作网络媒体平台。截至赛事结束，直播累计总播放量达到 3761276 次，在线观看峰值人数达到 343081 人。

2020 年疫情期间，作为帆船行业的服务者、推动者，中国帆船帆板运动协会，发动帆船行业力量，联合企鹅体育共同推出"非常航海课堂"。深圳市城市体育发展基金会也号召包括海洋体育企业在内的基金会理事和荣誉理事单位，在疫情防控期间积极开展公益性体育活动。2020 年 2 月中旬"非常航海课程"上线"学习强国"App，课程涵盖帆船教学篇、帆船行业提升篇、帆船普及篇三大板块，共计 52 期，内容丰富；课程不仅涉及小帆船与大帆船领域，还带大家了解了中式帆船以及航海时尚新元素——风筝

板。2020 年 3 月 28 日纵横四海航海俱乐部也历史性首次将系列航海实操课程搬上了企鹅直播。

疫情期间，深圳市海事局通过"云课堂"直播，为航运公司和船员讲授了政策法规和安全管理的相关文件，并解答了涉海企业复工复产可能遇到的问题。同时，深圳市海事局采取"零接触"网络远程开箱检查程序，确保了货物和船只高效及时通关，保障了涉海企业的正常运转。

新形势下，充分运用新媒体、直播平台传播海洋文化和普及海洋体育取得了良好效果。

（七）制造业升级，对标先进标准

2015 年，上海珐伊船艇公司生产的珐伊 28R 级帆船成功通过世界帆联统一级别船型的申请。① 在 2019 年第十三届"中国杯"帆船赛上，参赛帆船上配备了各种类型的传感器，虚拟现实、人工智能、大数据、3D 打印、碳纤维等先进技术在参赛船队中得到应用。2020 年，海星游艇集团在深圳大鹏交付了第一艘自主设计制造的 40 米双体超级游艇，标志着我国在海洋高端制造方面迈上了新台阶。但相较于世界帆船游艇制造业的发展，在核心器件、设计理念、形象品控、细节体验等方面，我们国家还有很长的路要走。"中国制造 2025"近在眼前，现代海洋体育产业已经具备了高科技产业的特征，处在产业链上游的生产制造业应加快"研发设计主导"的脚步，融合高端科技技术，注重提升细节体验效果，缩小与先进水平的差距，打造自主高端品牌。

（八）推进金融、保险创新

2007 年筹办首届"中国杯"帆船赛时，内地的保险公司没有设置帆船及船员保险，当时参赛船只和船员只能在香港购买异地参赛保险。其后历经

---

① 《民族品牌船型珐伊 28R 成功通过国际帆联统一级别船型申请》，人民网，http://sh.people.com.cn/n/2015/1117/c137167-27116355.html。

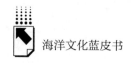

5 年时间，"中国杯"帆船赛承办单位与中国太平洋保险公司深入沟通研究，参照其他国际保险公司对帆船赛事的保险情况，终于在 2012 年推出了中国首个针对帆船赛事的参赛船只和船员的险种。从此，帆船从出厂到落地、日常使用、参加赛事等都能够非常便捷地在国内购买到相对应的保险产品，这为帆船本身、船东、船员、乘客出航提供了保障，降低了帆船行业发展中的整体风险。

在金融创新方面，2012 年，中国建设银行等金融机构参照国际惯例，率先突破，开创了以帆船为抵押物为海洋体育赛事提供金融服务的先例，为降低海洋体育企业融资压力、扩大赛事规模提供了有力支持。如今，帆船游艇作为动产获得了银行等金融机构的政策支持，船艇在采购登记获得所有权之后，可以作为抵押物按程序进行抵押登记贷款；在购买新艇时船东还可以分期付款，降低了参与帆船运动的资金成本。

（九）创新管理机制

2007 年，中国内地只接收渔船、货船、商船等运输类船舶登记，当时还没有体育竞技帆船的登记管理规范，也没有部门受理帆船登记申请。竞技帆船在中国内地无法办理登记入户手续。2011 年，在国家海事局和深圳海事局的大力支持下，中国第一个帆船登记临时制度在深圳建立。2015 年，国家海事局把机械辅助动力帆船纳入了游艇的登记范畴，帆船终于有了合法身份。2019 年 11 月，中国帆船帆板运动协会通过了《中国帆船帆板运动协会运动帆船登记管理方法》，各相关船只所有人可以通过中帆协官网办理申请、续期、登记信息变更等相关业务。从 2007 年开始，在海事、公安、海关、口岸办和有关军方部门的高度关注和大力支持下，国家相关部委批准在深圳设立"中国杯"帆船赛"临时开放口岸"。13 年来，累计有来自 55 个国家和地区逾万名参赛队从"临时开放口岸"入境中国，参加国际海洋体育盛会。

（十）加强国际交流，融合本土文化

国外海洋体育运动事业起步早、发展快、标准高，国内应对标国外先进

标准，加强与同行间的交流学习。世界帆船联合会 1907 年成立于法国巴黎，创始国是英国，现有 100 多个成员国组织。2017 年，第十一届"中国杯"帆船赛率先引入世界帆联四大赛事之一——世界帆船对抗巡回赛，同期新西兰酋长队携"美洲杯"奖杯前来深圳，见证了美洲杯、中国杯、世界帆船对抗巡回赛奖杯三杯齐聚的历史性时刻。此外，推动海洋体育"走出去"，能促进国与国之间的文化交流和深入了解，体育外交对于改善国家关系发挥着独特作用。

中国各区域要发展海洋体育运动事业，一定要走差异化路线，既要积极引进先进标准、拥抱新产业新业态新形势，又要结合自身特点特别是围绕传统文化打造核心竞争力，从而在全国范围内形成海洋体育运动产业区际分工、区域联动的协调发展格局。在市场化运作机制越发成熟的大环境下，地方只有重视当地文化特色、结合当地优势资源并明确自身定位才能推出富有特色和吸引力的海洋体育赛事，从而在激烈的市场竞争中得以保存发展。同时，办赛城市更应该借助赛事契机，糅合本土文化与城市精神，打造富有城市气质的运动项目和赛事。

六 以"中国杯"帆船赛及深圳帆船运动发展为例探讨产业发展路径

2007 年，首届"中国杯"帆船赛在深圳举办。"中国杯"帆船赛的举办源于 2005 年一个名为"纵横四海"的洲际航海活动。1999 年中国的第一个游艇会——浪骑游艇会在深圳桔钓沙建成。2005 年深圳几位企业家和帆船爱好者在法国采购了一艘帆船并命名为"骑士号"。2005 年 2 月 21 日，"骑士号"从法国拉罗谢尔起航，跨越了半个地球，横跨欧非亚 7 个海区，途经 26 个国家和地区的 45 个港口，航行 1.1 万海里，历时 180 天于 8 月 20 日到达深圳，这在现代中国大帆船运动史上还是首次。

2007 年，深圳申办世界大学生运动会获得成功。在这届大学生运动

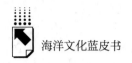

会上创新性地增设了帆船作为比赛项目。为了更好地积累办赛经验，深圳发挥先行先试的优势，突破政策瓶颈，大胆开拓创新，打造了一个全新的中国大帆船赛事——"中国杯"帆船赛。在国家体育总局的支持下，"中国杯"帆船赛探索出一种"政府主导、市场运作、社会参与"的办赛模式。

坚持政府主导，就是要加强政府对赛事的领导，把赛事作为提升城市竞争力的重要内容来办，让"中国杯"成为城市名片。坚持市场运作，就是不完全依靠政府投资，积极探索出一条国际帆船赛事市场化运作的路径。坚持社会参与，就是要让帆船运动成为全社会的共同选择，成为全民健身运动的一个重要载体；吸纳更多的大学生志愿者来参与办赛，为大学生参与社会实践提供了一个重要平台。新的办赛模式激活了市场的潜力。2007年，首届"中国杯"帆船赛在没有政府投入的情况下一举获得成功。深圳市政府总结"中国杯"帆船赛的办赛模式，成立了深圳市体育产业发展扶持资金，鼓励社会参与举办各类国际体育赛事，充分集合社会潜力，推动体育运动产业化发展。

经过13年的发展，"中国杯"帆船赛多次获得"亚洲最佳帆船赛事"。2009年，世界帆联将"中国杯"帆船赛与"美洲杯"帆船赛、沃尔沃环球帆船赛等国际知名赛事共同纳入世界帆船的赛事赛历中。2015年，世界帆船联合会授予赛事主办方——深圳市政府"推动航海运动特别贡献奖"，表彰深圳市政府在大帆船运动中所做出的重要贡献。每年参与深圳帆船赛事筹备的工作人员近万人，包括中央驻深机构、深圳政府职能部门、大学生和社会志愿者、企业团队等。事实证明，深圳帆船赛事不仅仅是一个赛事平台，同时也是社会活动平台、商业展示平台。每年"中国杯"帆船赛的举办，为深圳东部的酒店、餐饮、交通、旅游等行业创造大量的消费，带动了赛事周边地区的经济发展，创造了"十一黄金周"后的又一轮消费高峰。据《2019深圳帆船运动蓝皮书》统计，13年来，深圳帆船赛事期间参与活动的人数超过150万人次；每年由深圳帆船赛事所直接带动的消费总量已超过10亿元，涵盖了船艇购买、停泊维护、装备配置、教育培训、赛事消费、文化活动等诸多环节。2007 年深圳游艇会数量寥寥无几，到现在已经有知名俱乐部游艇会近 30 家，参与培训人数超过 50000 人次。在厦门、三亚、青岛三大沿海城市中，有 60 万人次接触过帆船，庞大的人群构成了巨大的市场需求。越来越多的市民通过系统严谨的学习，愉快安全地去从事航海运动已经成为趋势。帆船赛事吸引了海内外众多帆船游艇制造商、供应商和服务商，帆船赛事显示出强大的商业吸附能力。

　　深圳帆船体育运动的发展直接推动深圳船艇制造产业的发展。未来将持续把赛事创新优势转化成产业优势，推动在深圳设立国家大帆船运动基地，引进国际大帆船运动赛事管理机构在深圳设立赛事总部，鼓励世界帆船制造商在深圳设立分部，开展生产、研发、销售等经营活动。制定鼓励企业资助大帆船赛事的优惠政策，吸引更多的企业共同推进帆船运动。

专 题 篇

Special Reports

B.5

2019年中国海洋史研究专题报告

杨 芹*

摘 要: 2018年，中国海洋史研究成果丰硕，被列为"中国十大学
术热点"之一。2019年，中国海洋史研究保持良好发展态
势，继续稳步前进，取得多方面的新成果和新进展。在国家
发展新形势和学术发展新潮流的激荡下，进一步推进中国海
洋史学发展，建构具有中国特色的海洋史学学科体系、学术
体系和话语体系，是海洋史学界共同面临的话题和努力
方向。

关键词: 中国海洋史 学科体系 学术体系

---

* 杨芹，广东省社会科学院历史与孙中山研究所（海洋史研究中心）副研究员，研究领域：海
洋史、宋史、地方史。

2018 年，中国海洋史研究成果丰硕，被列为"中国十大学术热点"之一。2019 年，中国海洋史研究保持蓬勃发展态势，取得多方面的新成果和新进展。在全球史、整体史视野下，重大议题的研究继续拓展，并多有新说，一些新的研究热点已然形成。一系列高水准的学术会议举办，产生了一批研究佳作，充分显示了中国学界在海洋史领域的研究能力和水平。

一　专题史研究情况

本年度出版发表相关中文论著（含学位论文）约 330 篇（部）。专题研究议题丰富，视角多维，讨论深入。

1. 海洋政策与海防

海洋政策是国家处置海洋事务的意志及行动准则的体现，中国历代海洋政策一直是海洋史研究的重要内容。刘正刚考察《皇明成化条例》中不断出台的"条例"，揭示出明朝加强对海上贸易的管控及对违禁走私等非法行为的处罚，也反映了明成化年间海洋走私贸易已相当活跃;[1] 韩毅、潘洪岩从官商、外商、国内私人海商等利益集团的视角，分析了明代海禁政策阶段性变迁的诸种影响力量;[2] 解扬以乾隆初年政府对南洋米和黑铅贸易的管理为例，展示出清朝处理南洋商务的务实性和灵活性;[3] 李健、刘晓东考析洪武十六年明朝往琉球市马的史实，指出明朝尝试借助市马影响高丽、日本，以构建东北亚地缘政治秩序的政治外交努力;[4] 林炫羽关注争贡之役与明朝海防改革之间的关系，尤其表明浙江巡抚之设，具有防范日本贡使的目的;[5]

① 刘正刚：《明成化时期海洋走私贸易研究——基于条例考察》，《暨南学报》（哲学社会科学版）2019 年第 8 期。
② 韩毅、潘洪岩：《利益集团与明代海禁政策变迁（1508～1567）》，《辽宁师范大学学报》（社会科学版）2019 年第 4 期。
③ 解扬：《乾隆初年南洋米铅贸易探析》，《历史档案》2019 年第 4 期。
④ 李健、刘晓东：《洪武十六年明朝往琉球"市马"的目的探析》，《海交史研究》2019 年第 1 期。
⑤ 林炫羽：《从争贡之役到设立巡抚：明嘉靖年间浙江海防改革》，《西南大学学报》（社会科学版）2019 年第 3 期。

卢正恒探索明清鼎革之际郑氏运作谍报网络以窥探清朝，而清朝也透过该谍报网络刺探台湾和沿海海岛情报之互动过程;① 徐素琴探讨清政府在中西通商贸易中对澳门葡人实行的约束机制和管理制度;② 学界还有对海洋贸易管理机构的研究;③ 关于沿海地方社会管理，杨培娜考察了明清华南沿海渔民管理机制的演变，指明以舟系人与滩涂经界相结合，构成了清朝对濒海人群管理的基本策略，建构起 18 世纪以降沿海社会秩序;④ 这方面研究还有关于 20 世纪 50 年代中国渔民行政区的置废;等等。⑤

明清时期海防政策及海防实态研究持续发力。韩虎泰观察镇守广东总兵、副总兵的设置及其驻地变迁，厘清明代南海区域以镇压"瑶乱"为主的陆防与平靖"倭乱"为主的海防及二者重心的时空演变格局;⑥ 宋烜、宋绎如对明代水寨的设置时间、军员军船、海上巡哨等问题进行考论;⑦ 李强华探求晚清海防战略的嬗变历程，反映出体制僵化、财政危机、装备落伍及观念束缚等因素对海防战略的制约;⑧ 石坚平考订明代后期从卫所官军巡海

① 卢正恒:《贼谍四出广招徕:郑氏谍报网、清帝国初期的东南海岛认识与〈台湾略图〉》,《台湾史研究》2019 年第 26 卷第 1 期。
② 徐素琴:《清政府"夷务"管理制度中的澳门葡人》,载李庆新主编《学海扬帆一甲子——广东省社会科学院历史与孙中山研究所（海洋史研究中心）成立六十周年纪念文集》,科学出版社, 2019, 第 391~403 页。
③ 刘利民:《近代中国收回海关代办航政管理权探论（1909~1931）》,《史学月刊》2019 年第 5 期。《国家航海》第 2 期亦以专题形式刊载对海关的系列研究，包括方书生、吴松弟《近代中国旧海关贸易统计的形式与内容》、侯彦伯《从中国海关接管粤海常关论晚清海关二元体制的主要原则（1902~1903）》、姚永超《近代海关与英式海图的东渐与转译研究》等。
④ 杨培娜:《从"籍民入所"到"以舟系人":明清华南沿海渔民管理机制的演变》,《历史研究》2019 年第 3 期。
⑤ 陈冰:《20 世纪 50 年代中国渔民行政区置废初探》,《中国历史地理论丛》2019 年第 3 期。张宏利:《宋代沿海地方社会控制与涉海群体的应对》,《温州大学学报》（社会科学版）2019 年第 2 期。
⑥ 韩虎泰:《明代南海区域陆海防御格局的演变》,《历史档案》2019 年第 4 期。
⑦ 宋烜、宋绎如:《最早的海军基地——明代海防水寨设置考》,《国家航海》2019 年第 1 期。
⑧ 李强华:《晚清海防战略的嬗变历程、制约因素及其启示》,《海南师范大学学报》（社会科学版）2019 年第 5 期。

备倭到水寨兵船巡洋会哨政策在江门沿海地区实施的若干细节；① 陈贤波从
稿本《立雪山房文集》看地方士人黄蟾桂上呈当局的治盗方略，揭示当局
防剿海盗的政治决策过程；② 等等。③ 海防形势对沿海秩序管控与海洋发展
具有重要意义。杨培娜指出，明初沿海卫所作为濒海地区备倭、防寇的驻防
堡垒而设立，然而随着与当地社会各色人群的互动，卫所的军事色彩日益淡
化，出现民居化趋势，明中期以后逐渐形成以卫所城池为中心的社会网络，
而且不同区域的社会经济态势也造成民居化路径出现差异。④

战船在古代海防体系中发挥着不可或缺的重要作用。谭玉华从技术史角
度梳理了明清时期"广船"500多年的演变历史，尤其对明朝战船的系列变
革进行系统考察，指出"重利炮，轻坚船"的技术偏好乃植根于火炮、船
舶技术传统与欧洲技术传统的兼容和有选择的扬弃。另外指出明朝"蜈蚣
船"原型为东南亚的兰卡桨船，其传入和仿制为中外船舶技术交流的又一
例证。⑤ 陈晓珊对明代"遮阳船"，蔡薇、赵万永对戚继光水师战船，王宏
斌、耿健羽对清代主力战舰赶缯船的研究均有突破，展示了同一时代东西方
战船的不同特点。⑥ 刘致、贾浩、陈一川也分别探讨了军事装备对海防海战

① 石坚平：《明代江门海防体制初探——以沿海舆图为中心的考察》，《五邑大学学报》（社会科学版）2019年第1期。
② 陈贤波：《华南海盗与地方士人的应对策略——以黄蟾桂〈立雪山房文集〉为探讨中心》，《国家航海》2019年第1期。
③ 杨园章、谢继师：《〈答郡邑大夫问海上事宜状〉所见陈让海防策略述论》，《海交史研究》2019年第2期。廖望：《明清粤西州县佐杂的海防布局探论》，《海洋文明研究》（第四辑），中西书局，2019。姜天裁：《明代福建海疆防卫述略》（上）（下），《福建史志》2019年第1、2期。付永杰：《康乾时期琼州军防探析》，《海南师范大学学报》（社会科学版）2019年第3期。
④ 杨培娜：《谁的堡垒——明代闽粤沿海卫所的民居化路径比较》，《国家航海》2019年第1期。
⑤ 谭玉华：《岭海帆影——多元视角下的明清广船研究》，上海古籍出版社，2019。谭玉华：《明朝海防战船欧化变革的历史考察》，《中山大学学报》（社会科学版）2019年第5期。谭玉华：《汪鋐〈奏陈愚见以弥边患事〉疏蜈蚣船辨》，《海交史研究》2019年第1期。
⑥ 陈晓珊：《从遮洋船特征看明代战船上的防御设备》，《国家航海》2019年第1期。蔡薇、赵万永：《论戚继光水军战船与同时代西方风帆战舰的船型》，《北部湾大学学报》2019年第8期。王宏斌、耿健羽：《清朝福建水师赶缯船兴衰探析》，《河北大学学报》（哲学社会科学版）2019年第6期。

的影响。①

2. 海洋维权与海疆开发

海洋维权与海疆开发等海洋历史与现实问题，近年来一直是学科关注热点。李国强从理论高度思考海洋史与海疆史的关系，强调二者理论边际渐趋淡化，呈现越来越明显的相互交叉与交融、相互渗透与浸染的趋势，要努力打造和创新中国海洋史与海疆史的学术体系和话语体系。② 刘永连、常宗政阐明晚清两广总督府收复东沙群岛之后在东沙、西沙群岛实施海洋资源调查，制定开发建设规划，开展招商、官办及合办开发活动，酝酿无线电台和气象台建设等事宜，为维护南海主权与海疆开发做出重要贡献。③ 郭渊、王静分别讨论了两广总督派员初勘西沙群岛的原因、经过，清末两广总督派舰复勘西沙、筹划岛务开发之举，以及广东地方高校对西沙群岛资源的调查情况。④

学者对南海争端的阶段性及各个阶段争端演变的特点和成因之分析有新的进展。⑤ 任雯婧对 20 世纪 30 年代法国制造"九小岛事件"的背景、经过，王子昌、王看对同时期国民政府的相关回应，均做出详细梳理考析。⑥

① 刘致：《北洋海军第一级鱼雷艇考证》，《国家航海》2019 年第 1 期。贾浩：《庚子大沽口之战再分析——以大沽炮台火炮装备及使用情况为中心》，《国家航海》2019 年第 1 期。陈一川：《瓦瓦司钢炮考》，《国家航海》2019 年第 1 期。

② 李国强：《关于海洋史与海疆史学术界定的思考》，载李庆新主编《学海扬帆一甲子——广东省社会科学院历史与孙中山研究所（海洋史研究中心）成立六十周年纪念文集》，科学出版社，2019，第 432~448 页。

③ 刘永连、常宗政：《晚清两广总督府开发建设东沙、西沙群岛述要》（上），《海南热带海洋学院学报》2019 年第 6 期。刘永连、常宗政：《晚清两广总督府开发建设东沙、西沙群岛述要》（下），《海南热带海洋学院学报》2020 年第 1 期。

④ 郭渊：《清末初勘西沙之中外文献考释》，《南海学刊》2019 年第 1 期。王静：《清末两广总督派舰复勘西沙及法国认知之演变》，《南海学刊》2019 年第 1 期。王静：《广东地方高校与西沙群岛资源的调查——以 1928 年西沙调查活动为考察中心》，《中国边疆史地研究》2019 年第 3 期。

⑤ 庞卫东：《南海争端：阶段、特点及成因》，《史学月刊》2019 年第 4 期。

⑥ 任雯婧：《法国南沙群岛政策与"九小岛事件"再研究》，《中国边疆史地研究》2019 年第 3 期。王子昌、王看：《20 世纪 30 年代初中国对法国强占南沙岛礁的回应及其证据意义》，《中国边疆史地研究》2019 年第 1 期。

郭渊通过解读 20 世纪 30 年代前后法国、日本文献关于南沙自然人文景观记载，认为南海仲裁庭在对文献的解读运用方面存在明显错误。① 栗广围绕旧金山对日和会对南海诸岛若干处置问题，评估美国在对日媾和期间的所作所为。② 孙晓光、张赫名、王巧荣分别讨论了美国在不同历史时期的南海政策。③ 王涛利用英国发行的中国台湾古地图、航海指南、航海杂志等资料，系统探讨了英国调查中国台湾水文、攫取信息的过程。④ 王国华、张晓刚对近代日本海洋渔业扩张历史做了深入剖析，指出日本渔业入侵对中国海权造成的实质性侵害。⑤

关于海权意识研究，刘义杰从文献及古舆图论证南海海道的开拓发展史，体现了从涨海、石塘（堂）到千里长沙、万里石塘、南澳气及对南海诸岛从朦胧到清晰的认知过程。⑥ 羽离子、陈亚芊考察中国历史上第一次绘制渔业海图——晚清绘制《渔海全图》的情况，反映中国渔权、海权意识的觉醒。⑦ 赵书刚、林志军认为台湾建省成功的主要驱动力，是中国日益增长的海权意识。⑧ 王利兵阐释地图的绘制以及"家国"叙事等话语制造对国家海洋边界建构发挥的积极作用。⑨ 夏帆关注民国时期知识阶层的海权认知

① 郭渊：《论法国人对南沙群岛渔民和地理景观的记述——兼论"南海仲裁案"对某些史实的不确之说》，《海南热带海洋学院学报》2019 年第 1 期。郭渊：《论日本人对南沙群岛海南渔民和地理景观的记述——兼论南海仲裁案对某些史实的不确之说》，《海南热带海洋学院学报》2019 年第 6 期。
② 栗广：《美国与"旧金山对日和会"对南海诸岛问题的处置——对若干问题的释疑》，《中国边疆史地研究》2019 年第 3 期。
③ 孙晓光、张赫名：《试论冷战结束以来美国的南海政策》，《史学月刊》2019 年第 6 期。王巧荣：《奥巴马执政时期美国的南海政策》，《史学月刊》2019 年第 10 期。
④ 王涛：《清代英国在台湾水域的水文调查》，《中山大学学报》（社会科学版）2019 年第 3 期。
⑤ 王国华、张晓刚：《近代日本远洋渔业扩张与侵害中国海权的历史考察》，《日本研究》2019 年第 4 期。
⑥ 刘义杰：《南海海道初探》，《南海学刊》2019 年第 4 期。
⑦ 羽离子、陈亚芊：《晚清绘制〈渔海全图〉初考》，《海交史研究》2019 年第 2 期。
⑧ 赵书刚、林志军：《清末台湾建省成功的海权因素》，《江苏师范大学学报》（哲学社会科学版）2019 年第 6 期。
⑨ 王利兵：《地图与话语：海洋边界建构的国家实践》，《云南师范大学学报》（哲学社会科学版）2019 年第 6 期。

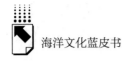

与维护海权的宣传方式，指明这些活动为战后国民政府积极收回南海诸岛主权提供思想基础和舆论氛围。①

更路簿是海南渔民在南海活动的经验总结，蕴含着中国人民开发南海、经略南海、维护南海主权的历史文化信息，近年李国强、周伟民等学者有倡建"更路簿学"之议。阎根齐指出《更路簿》记录了海南渔民在南海航行的航海技术以及天文、地文、水文等导航资料，② 而海南渔民口传的"更路经"为南海地名来源提供重要依据。③ 李文化利用数字化手段对南海更路簿做了较为科学精确的解读。④ 李彩霞对《顺风相送》存疑地名和航路，以及苏承芬本《更路簿》所涉外洋地名做了仔细的考订。⑤ 王利兵认为应重视对《更路簿》的保护与传承，充分发挥渔民的主体性，让渔民在真实的文化空间和海洋实践中自觉传承《更路簿》。⑥ 此外，有学者对更路簿的版本、历史与现状等相关问题进行梳理、总结。⑦

3. 海上丝路与海洋贸易

对海上丝绸之路与跨区域或国际性海洋贸易的研究，2019 年度收获甚丰。张国刚从全球史、世界史视角，全面系统地考察了数千年来中西文化关系的发展大势，分为两大阶段（远古时代到郑和下西洋、大航海以后即晚

---

① 夏帆：《论民国知识阶层的海权认知与宣传》，《边界与海洋研究》2019 年第 3 期。
② 阎根齐：《论海南渔民的航海技术与中国对南海的历史性权利》，《吉林大学社会科学学报》2019 年第 2 期。
③ 阎根齐：《论海南渔民的口传"更路经"》，《中华海洋法学评论》2019 年第 1 期。
④ 李文化：《南海"更路簿"数字化诠释》，海南出版社，2019。李文化、陈虹、夏代云：《南海更路簿航速极度存疑更路辨析》，《南海学刊》2019 年第 2 期。李文化、陈虹、孙继华、李冬蕊：《南海〈更路簿〉针位航向极度存疑"更路"辨析》，《海南大学学报》（人文社会科学版）2019 年第 2 期。
⑤ 李彩霞：《〈顺风相送〉南海存疑地名及针路考》，《海交史研究》2019 年第 2 期。李彩霞：《苏承芬本〈更路簿〉外洋地名考证》，《海南大学学报》（人文社会科学版）2019 年第 2 期。
⑥ 王利兵：《记忆与认同：作为非物质文化遗产的南海〈更路簿〉》，《太平洋学报》2019 年第 3 期。
⑦ 林勰宇：《现存南海更路簿抄本系统考证》，《中国地方志》2019 年第 3 期。李文化、陈虹、孙继华、李冬蕊：《不同版本〈王诗桃更路簿〉辨析》，《海南热带海洋学院学报》2019 年第 3 期。温小平：《更路簿研究的历史、现状及未来展望》，《南海学刊》2019 年第 2 期。

明和盛清时期），翔实介绍了海陆交通、对外关系、商贸互动、文化交流、异域宗教等问题，完整呈现中西方文化交往和对话的宏大史迹和丰富内容。① 马建春系统梳理公元 7～15 世纪波斯、大食、回回商旅在海上丝绸之路贸易中的活动，以及他们对海上交通网络、沿海港口发展等所发挥的作用。② 陈支平从明代朝贡体系、明中后期朝野对"大航海时代"的应对以及文化传播等角度，对明代"海上丝绸之路"发展模式做出历史反思。③ 万明通过对明代永宁寺碑的考释，确证亦失哈七上北海的史实，反映明代东北亚丝绸之路的发展。④ 李德霞研究了 16～17 世纪中拉海上丝绸之路的形成与发展。⑤ 周大程、吴子祺则关注近代中越关系与海上交通的联系，对晚期中国国际关系研究有一定价值。⑥

金国平指明西班牙人 1584～1585 年首次从澳门始发航向美洲阿卡普尔科的航程，连接了亚、美、欧三大洲，拉开了真正意义上的"全球化"序幕。⑦ 王日根利用李氏朝鲜《备边司誊录》史料，揭示出明清东亚海域北段沿海贸易虽仍断续开展，但层次偏低，贸易风险较高，贸易商品种类也很有限，乘船人员比较复杂的样态。⑧ 汤开建、郭姝伶利用中西文档案文献，探讨 17 世纪末至 19 世纪中期澳门进口巴西烟草，巴西引进中国茶叶和茶叶种植技术的双向互动关系，填补了中国与南美洲交流的若干空白。⑨ 万朝林、

---

① 张国刚：《中西文化关系通史》，北京大学出版社，2019。
② 马建春：《公元 7～15 世纪"海上丝绸之路"的中东商旅》，《中国史研究》2019 年第 1 期。
③ 陈支平：《明代"海上丝绸之路"发展模式的历史反思》，《中国史研究》2019 年第 1 期。
④ 万明：《明代永宁寺碑新探——基于整体丝绸之路的思考》，《史学集刊》2019 年第 1 期。
⑤ 李德霞：《16～17 世纪中拉海上丝绸之路的形成与发展》，《历史档案》2019 年第 2 期。
⑥ 周大程：《晚清中越官方海上交通——以 1883 年阮述使华为例》，《越南研究》2019 年第 1 期。吴子祺：《法国殖民扩张前后的中越海上联系：以雷州半岛为中心》，《海洋文明研究》（第四辑），中西书局，2019。
⑦ 金国平：《1584～1585：澳门——阿卡普尔科首航》，载李庆新主编《师凿精神忆记与传习——韦庆远先生诞辰九十周年纪念文集》，科学出版社，2019，第 851～870 页。
⑧ 王日根：《由〈备边司誊录〉看清代东亚海域北段沿海贸易实态》，《淡江史学》2019 年第 31 期。
⑨ 汤开建、郭姝伶：《烟草与茶叶：17 世纪末至 19 世纪中期澳门与巴西的商业贸易》，《中国经济史研究》2019 年第 1 期。

范金民对康熙开海后至乾隆十四年间由广州入口的洋船数量及其载运的商品与白银等做出估算，勾勒开海之初的贸易格局，填补清代早期中西贸易的某些缺环。①

学界对一些特殊商品及相关问题也进行了别开生面的研讨。万翔、林英研究公元后几个世纪贵霜古钱币，展示贵霜帝国通过货币流通控制丝绸之路商业贸易的史实。② 胡梧挺梳理阐释了唐代东亚昆布（海藻）的产地、传播及各国对其不同应用等问题。③ 王洪伟考察明清时期中国与朝鲜、日本、东南亚各国的海路交通、医药交流、药材贸易的历史。④ 李庆探寻 16 ~ 17 世纪梅毒良药土茯苓在海外的流播并由此带动的中医西传，反映了近代早期区域性物种在全球化浪潮中成为重要国际商品。⑤ 张学渝、蔡群对清朝西洋钟表的入华、制作、技术交流等过程做了相当详尽的考述。⑥ 此外，学界还有对于清代肉桂产销的关注等。⑦

港口、航路是海洋贸易与海上交通的基本空间和重要依托。陈冬梅分析宋元时期泉州港成为"世界第一大港"的原因及蒲寿庚发挥的作用。⑧ 张剑光分析宋元之际青龙镇港口衰落的原因，认为商品集散不通畅、政府政策及周边小市镇兴起、运输货物品种变化等因素都影响着青龙镇的商业地位，并促使上海港地位上升。⑨ 周鑫通过系统考察明初广州"舶口"的移散及民间

---

① 万朝林、范金民：《清代开海初期中西贸易探微》，《中国经济史研究》2019 年第 4 期。
② 万翔、林英：《公元 1 ~ 4 世纪丝绸之路的贸易模式——以贵霜史料与钱币为中心》，《海洋史研究》（第十三辑），社会科学文献出版社，2019。
③ 胡梧挺：《"南海之昆布"：唐代东亚昆布的产地、传播及应用》，《中国历史地理论丛》2019 年第 3 期。
④ 王洪伟：《明清时期中国药业对外交流与贸易——以朝鲜、日本及东南亚各国为考察对象》，《中国农史》2019 年第 5 期。
⑤ 李庆：《16 ~ 17 世纪梅毒良药土茯苓在海外的流播》，《世界历史》2019 年第 4 期。
⑥ 张学渝、蔡群：《呈进、采办与造办：清代西洋机械钟表入华与技术传播》，《海洋史研究》（第十三辑），社会科学文献出版社，2019。
⑦ 李丹丹、王元林：《清代肉桂产地变迁与国内外贸易探析》，《中国农史》2019 年第 3 期。
⑧ 陈冬梅：《全球史观下的宋元泉州港与蒲寿庚》，《复旦学报》（社会科学版）2019 年第 6 期。
⑨ 张剑光：《宋元之际青龙镇衰落原因探析——兼论宋元时期上海地区对外贸易的变迁》，《社会科学》2019 年第 3 期。

海洋力量的起伏，探讨了南海海洋网络的变迁过程。①

　　孙靖国利用清代彩绘地图《山东至朝鲜运粮图》，展现明清时期直隶、山东、辽东等地以及与朝鲜之间的海上航线。② 黄丽生检视明清时期鸡笼航路的相关问题，分析了鸡笼和澎湖的地位变化。③ 宋时磊、刘再起考察了晚清俄商利用水路运输对中俄茶叶贸易路线的调整，勾画了俄商利用长江内河、中国东部沿海将汉口茶叶运输至天津转而陆路运至恰克图，或者运往俄国东部港口海参崴再使用铁路运输至欧俄的演进过程。④ 此外，李效杰、刘春明、陈国威分别考析了"德物岛"和"得物岛"、"钓鱼台"与"薛坡兰"、"两家滩"等在海上交通中具有特殊意义的历史地名。⑤

　　与海上交通航路研究相联系，涉海地图、海图研究有显著进展。李孝聪援引不同时期绘制的部分中外古地图，展示地图所表现的海上丝绸之路。⑥ 孙靖国以郑若曾系列地图为例，指出地图对岛屿的表现形式主要源于观测者在实际生活与航行中对中国岛屿形态的认知，也是中国古代沿海地图对岛屿地貌的重要表现方式。⑦ 龚缨晏对李兆良关于郑和绘制《坤舆万国全图》、"郑和发现美洲"等系列观点进行论辩，指出其严重违背史实之处，重申历

① 周鑫：《14～15世纪广州"舶口"移散与南海海洋网络变迁》，载李庆新主编《学海扬帆一甲子——广东省社会科学院历史与孙中山研究所（海洋史研究中心）成立六十周年纪念文集》，科学出版社，2019，第272～292页。
② 孙靖国：《〈山东至朝鲜运粮图〉与明清中朝海上通道》，《历史档案》2019年第3期。
③ 黄丽生：《明清时期鸡笼的航路叙事与澎湖针路簿〈海不扬波〉》，《南海学刊》2019年第4期。
④ 宋时磊、刘再起：《晚清中俄茶叶贸易路线变迁考——以汉口为中心的考察》，《农业考古》2019年第2期。
⑤ 李效杰：《唐代东亚海上交通网中的"德物岛"海域》，《烟台大学学报》（哲学社会科学版）2019年第2期。刘春明：《〈台海使槎录〉所记"钓鱼台"与"薛坡兰"考析》，《边界与海洋研究》2019年第4期。陈国威：《明代郑若曾〈万里海防图〉中"两家滩"考析——兼论雷州半岛南海海域十七、十八世纪域外交往史》，《海交史研究》2019年第1期。
⑥ 李孝聪：《中外古地图与海上丝绸之路》，《思想战线》2019年第3期。
⑦ 孙靖国：《郑若曾系列地图中岛屿的表现方法》，《苏州大学学报》（哲学社会科学版）2019年第4期。

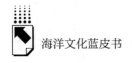

史学研究的科学性。[①] 李新贵、何沛东等对明代万里海防图、方志舆图等问题做了有益探索。[②]

4. 涉海人群与海洋社会

涉海人群是海洋社会活动的主体，是海洋文明的创造者。刘晓东、陈钰祥、王华锋等分别讨论了 16 世纪"倭寇"、清代环东亚海域海盗、海商与海盗关系，以及相关海上秩序、国际关系等问题。[③] 李毓中以第一手的西班牙文史资料，详细叙述一个华人参与西班牙在菲律宾的军事行动，以及西班牙在中南半岛拓展的历史。[④] 李庆新研究指出明清鼎革中活跃在珠江口以西至北部湾海域的反清复明武装，以海洋为舞台，成为台湾郑氏之外另一支坚持反清的南明武装力量。[⑤] 在海外华侨华人研究方面，吴敏超分析最早到达新西兰的华人在淘金热中的贡献，思考新西兰华人与海上丝绸之路的关系。[⑥] 黎相宜利用长期对华南侨乡及美洲、东南亚移民社会的实地调研和搜集的一手材料，探讨移民与祖籍地、华侨华人与中国的互动关系。[⑦] 水海刚通过对新加坡"白三春"茶行的个案研究，考察"二战"以前海外小微华商企业经营策略。[⑧]

① 龚缨晏：《〈坤舆万国全图〉与"郑和发现美洲"——驳李兆良的相关观点兼论历史研究的科学性》，《历史研究》2019 年第 5 期。

② 李新贵、白鸿叶：《明万里海防图筹海系研究》，《文献》2019 年第 1 期。李新贵：《明万里海防图之章潢系探研》，《史学史研究》2019 年第 1 期。何沛东：《方志海图的"越境而书"——以清代〈镇海县志·寰海岛屿图〉为中心的探讨》，《中国地方志》2019 年第 3 期。

③ 刘晓东：《"倭寇"与明代的东亚秩序》，中华书局，2019。陈钰祥：《海氛扬波：清代环东亚海域上的海盗》，厦门大学出版社，2019。王华锋：《冲突抑或媾和：乾嘉时期海盗与海商关系析论》，《西南大学学报》（社会科学版）2019 年第 3 期。

④ 李毓中：《Antonio Pérez——一个华人雇佣兵与十六世纪末西班牙人在东亚的拓展》，载李庆新主编《学海扬帆一甲子——广东省社会科学院历史与孙中山研究所（海洋史研究中心）成立六十周年纪念文集》，科学出版社，2019，第 781 ~ 800 页。

⑤ 李庆新：《清初粤西沿海的南明武装》，载向群、万毅主编《姜伯勤教授八秩华诞颂寿史学论文集》，广东人民出版社，2019，第 266 ~ 292 页。

⑥ 吴敏超：《新西兰华人与海上丝绸之路——以陈达枝为中心的探讨》，《广东社会科学》2019 年第 2 期。

⑦ 黎相宜：《移民跨国实践中的社会地位补偿：基于华南侨乡三个华人移民群体的比较研究》，中国社会科学出版社，2019。

⑧ 水海刚：《国家与网络之间：战前环南中国海地区华侨小微商号的经营策略》，《中国经济史研究》2019 年第 2 期。

鲁西奇阐述汉唐时期朐山－郁洲滨海地域围绕东海庙、谢禄庙（石鹿山神庙）、海龙王庙等庙宇而体现的社会结构和文化形态，反映滨海地域社会是海陆人群共同营构的社会，滨海地域的文化也是一种海陆文化。[①] 谢湜以中西比较方法，讨论15～17世纪莱茵河三角洲与长江三角洲开发中的人地关系、技术选择、经济发展等问题。[②] 陈博翼从全球、国家与地方等层面探讨南海东北隅这一区域在近代早期的联动及变化，强调区域本身即有自己的秩序，并会基于这种秩序因应外界变化而演化出既带有"特殊性"又与更广泛区域共享"普遍性"的新的自在性秩序。[③] 郑俊华、陈辰立分别观察明清时期岛屿开发情况，思考海岛民众与国家政策的互动、海岛社会秩序建构以及海岛开发在古代海洋经济发展历程中的意义。[④] 王日根、叶再兴就沿海区域官民面对海洋灾害时的应对进行窥探。[⑤] 渔业史研究也继续推进。[⑥]

5. 海洋文化与海洋考古

中国海洋文化历史久远，内容丰富。陈国栋以舶、卤股等汉语借词为例，探索其原始语源，证明海洋交通为不同民族间的文化交换带来持久影响。[⑦] 王子今阐述汉代《论衡》中关于海洋气象、水文、生物知识及航运、

① 鲁西奇：《汉唐时期滨海地域的社会与文化》，《历史研究》2019年第3期。

② 谢湜：《风车与纺车：15～17世纪莱茵河三角洲、长江三角洲开发中的人地关系与技术选择》，《海洋史研究》（第十三辑），社会科学文献出版社，2019。

③ 陈博翼：《限隔山海：16～17世纪南海东北隅海陆秩序》，江西高校出版社，2019。

④ 郑俊华：《清代外洋岛屿地域秩序之成立——以浙江衢山岛为例》，《浙江海洋大学学报》（人文科学版）2019年第1期。陈辰立：《明清传统时代大东海渔业活动对岛屿的利用》，《中国社会经济史研究》2019年第1期。

⑤ 王日根、叶再兴：《明清东部河海结合区域水灾与官民应对》，《福建论坛》（人文社会科学版）2019年第1期。

⑥ 陈辰立：《跨界采捕与权力僭越：清代闽船入浙捕捞行为下的官民博弈》，《福建师范大学学报》（哲学社会科学版）2019年第2期。李爱丽、罗家辉：《全球视野下的近代宁波渔业——1880年柏林渔业博览会上的宁波展品》，《国家航海》2019年第2期。冯国林：《近十年中国渔业史的回顾与展望》，《海洋文明研究》（第四辑），中西书局，2019。辛月、王福昌：《近年来粤闽海洋渔业史研究概况》，《农业考古》2019年第3期。

⑦ 陈国栋：《海洋世界的观念交换：以几个汉语借词为例》，载李庆新主编《学海扬帆一甲子——广东省社会科学院历史与孙中山研究所（海洋史研究中心）成立六十周年纪念文集》，科学出版社，2019，第727～740页。

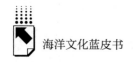

信仰等记载，体现《论衡》作者王充因出生与久居滨海之地而形成的海洋情结，及开放进取、重实学的海洋意识。① 程方毅探究明末清初《职方外纪》《坤舆图说》中"海族"（海洋生物知识）的知识源头，认为既有古希腊罗马自然史传统，又受基督教神学和基督教动物故事集文本的影响，还有大航海时代以来建立的"科学""新"知识，整体上呈现了当时欧洲知识界的面貌。② 陈波关注清代赴日贸易的中国船员口述的日文笔录"风说书"，揭示这种异域风闻对"明清鼎革"历史叙事的局限性。③ 金国平介绍"腰果"（又称"槚如"）从巴西传入葡属印度殖民地果阿，再传入亚洲，经中国澳门传入内地的过程，辨析"槚如"一称来源于巴西印第安人图皮语，也由葡萄牙人通过澳门传入内地。④ 吴义雄考察 18～19 世纪中叶"广州英语"的形成、特点及其在一个多世纪中西交往中"中国人与外国人之间的共同语言"的作用和地位。⑤ 李庆新探讨了 18～19 世纪广州地区刻书业及其与越南的书籍交流，认为广州与嘉定之间书籍刻印与销售的商业网络可称为"海上书籍之路"。⑥ 有些文章从思想史、文学史角度观察晚清士大夫的海洋书写、《廿载繁华梦》中的粤海关、鲁迅与海洋文学、小说《曼斯菲尔德庄园》中的海洋元素等话题，开辟了海洋文学研究的新视

① 王子今：《〈论衡〉的海洋论议与王充的海洋情结》，《武汉大学学报》（哲学社会科学版）2019 年第 5 期。
② 程方毅：《明末清初汉文西书中"海族"文本知识溯源——以〈职方外纪〉〈坤舆图说〉为中心》，《安徽大学学报》（哲学社会科学版）2019 年第 6 期。
③ 陈波：《风说书的世界——异域风闻所见之明清鼎革》，《海洋史研究》（第十三辑），社会科学文献出版社，2019。
④ 金国平：《"槚如果子"漂洋过海——从巴西到中国》，载李庆新主编《学海扬帆一甲子——广东省社会科学院历史与孙中山研究所（海洋史研究中心）成立六十周年纪念文集》，科学出版社，2019，第 841～848 页。
⑤ 吴义雄：《"广州英语"与鸦片战争前后的中西交往》，载李庆新主编《学海扬帆一甲子——广东省社会科学院历史与孙中山研究所（海洋史研究中心）成立六十周年纪念文集》，科学出版社，2019，第 339～357 页。
⑥ 李庆新：《18～19 世纪广州地区刻书业及其与越南书籍交流》，载李庆新主编《学海扬帆一甲子——广东省社会科学院历史与孙中山研究所（海洋史研究中心）成立六十周年纪念文集》，科学出版社，2019，第 966～987 页。

角、新领域。① 还有莆田学院学刊《妈祖文化研究》刊载的一系列妈祖主题论文，以及水尾圣娘信仰研究等成果。②

关于海洋考古与文化遗产保护，成果瞩目。《海洋史研究》（第十三辑）刊发了一组中国古代外销器物的专题文章，探讨"中国铁""中国石"等古代中国铜铁器西传、东南亚海域 10～14 世纪沉船出水锡锭之用途、18 世纪中国外销银器等问题。③ 全洪、李灶新探索南越宫苑遗址八角形石柱等建筑构件及技法与海外建筑文化的源流关系。④ 此外，还有关于广西北海合浦汉墓及出土的外来玻璃器皿等的研究。⑤

1968～1971 年，安德鲁·乔治·威廉姆森（Andrew George Williamson）在波斯湾北岸伊朗南部地区展开了为期 3 年的考古调查，取得丰富的阶段性成果，故宫博物院与英国杜伦大学首次对其中的中国瓷片做了全面介绍，分析古代中国与波斯湾北岸地区的陶瓷贸易发展情况。⑥ 魏峻对 13～14 世纪亚洲东部的海洋陶瓷贸易做了宏观描绘，指出中国东南地区的青瓷、青白瓷

① 陈绪石：《士大夫的海洋书写与近代国民的观念转变》，《学术探索》2019 年第 4 期。倪浓水：《"海洋"：鲁迅〈补天〉中阐释"人和文学缘起"的核心符码》，《浙江海洋大学学报》（人文科学版）2019 年第 1 期。段汉武、陈慧婷：《〈曼斯菲尔德庄园〉中的海洋元素研究》，《宁波大学学报》（人文科学版）2019 年第 4 期。董茎兰：《影射叙事：晚清〈廿载繁华梦〉中的粤海关库书及其顶充》，《海交史研究》2019 年第 2 期。
② 陈支平：《元代天妃文献史料辑录》，《妈祖文化研究》2019 年第 1 期。吕伟涛：《图画中的妈祖文化与海上丝绸之路——中国国家博物馆藏〈天后圣母事迹图志册〉研究》，《博物院》2019 年第 1 期。王小蕾：《女神信仰·海洋社会·性别伦理——对水尾圣娘信仰的性别文化考释》，《海交史研究》2019 年第 1 期。陈政禹：《江浙沿海"送船"习俗的发展和探源》，《海交史研究》2019 年第 2 期。
③ 陈春晓：《"中国石"、"中国铁"与古代中国铜铁器的西传》；杨晓春：《东南亚海域 10～14 世纪沉船出水锡锭用途小考》；席光兰、万鑫、林唐欧：《"南海 I 号"船载铁器与相关问题研究》；黄超：《中国外销银器研究回顾与新进展——兼论 18 世纪广州的银器外销生意》。以上均载于《海洋史研究》（第十三辑），社会科学文献出版社，2019。
④ 全洪、李灶新：《南越宫苑遗址八角形石柱的海外文化因素考察》，《文物》2019 年第 10 期。
⑤ 中国社会科学院考古研究所、广西壮族自治区文化厅、广西文物保护与考古研究所编著《汉代海上丝绸之路考古与汉文化》，科学出版社，2019。
⑥ 故宫博物院考古研究所、英国杜伦大学考古系：《英藏威廉姆森波斯湾北岸调查所获的中国古代瓷片》，《文物》2019 年第 5 期。

和黑釉、绿釉陶瓷器等品类逐渐形成专供外销的生产体系，并销售到亚洲和非洲东部等地。① 李庆新对东亚海域古代沉船发现货币及相关海洋贸易、货币流通、"东方货币文化圈"等问题进行专门梳理和思考。② 李岩以亲身经历和独到视角，对"南海Ⅰ号"沉船发掘研究进行了全程记录及专业解读。③ 各地考古工作者对广州、南京、舟山、泉州、阳江等地海洋文化遗产进行了调查与整理。④ 曲金良出版了国内首部关于海洋文化遗产研究的专著。⑤

在海洋文献史料汇编与整理方面，张杰、程继红主持的明清时期浙江海洋文献总目的整理工作，分为海洋史地（67 种）、交通（33 种）、军事（108 种）、经济贸易（17 种）、科技（46 种）文献 5 类，内容包括作者生平、文献内容、版本源流、著录情况、文献价值等，为区域性海洋文献的整理建构起可资借鉴的框架结构。⑥ 此外，冷东、苏黎明、吴绮云等对海外收藏的天宝行（广州十三行行商之一）原始档案、闽粤两省迁居南洋家族的 60 多部代表性族谱加以发掘，整理出版，使其成为海洋史研究难得的基础史料。⑦

6. 世界海洋史

2019 年度对其他国家和地区海洋史的研究，也有不少值得关注的成果。钱江考察古代波斯湾地区处于社会底层的普罗大众和黑奴在海湾采珠史上的

① 魏峻：《十三至十四世纪亚洲东部的海洋陶瓷贸易》，载李庆新主编《学海扬帆一甲子——广东省社会科学院历史与孙中山研究所（海洋史研究中心）成立六十周年纪念文集》，科学出版社，2019，第 771~780 页。
② 李庆新：《东亚海域古沉船发现货币及相关问题》，2019 年 2 月 25 日《光明日报》（理论版）。
③ 李岩：《解读南海Ⅰ号——打捞篇》，科学出版社，2019。
④ 南越王宫博物馆编《南越国—南汉国宫署遗址与海上丝绸之路》，文物出版社，2019。南京市文化和旅游局、南京大学文化与自然遗产研究所、南京市海上丝绸之路遗产研究中心编著《海上丝绸之路：南京史迹》，南京出版社，2019。任记国：《舟山群岛古海防遗址调查与研究》，团结出版社，2019。黄艳红：《泉州聚宝城南与海丝文化传承》，吉林大学出版社，2019。广东海上丝绸之路博物馆主编《山海之聚：阳江海洋文化遗产》，广东科技出版社，2019。
⑤ 曲金良：《中国海洋文化遗产保护研究》，福建教育出版社，2019。
⑥ 张杰、程继红：《明清时期浙江海洋文献研究》，海洋出版社，2019。
⑦ 冷东等主编《广州十三行天宝行海外珍稀文献汇编》，广东人民出版社，2019。苏黎明、吴绮云主编《闽粤下南洋家族族谱资料选编》，厦门大学出版社，2019。

重要地位，在逐步完善的严密的制度运作体系中，哪哒、采珠人（黑奴）、水手和商人是波斯湾采珠史的创造者。① 徐松岩、李杰探讨了罗马共和国晚期海盗活动的基本状况及海盗行为在罗马向东地中海地区扩张以至建立帝国过程中的作用等。② 陈思伟、祝宏俊关注古典时代雅典海事贷款抵押制度、斯巴达海军与霸业问题。③ 王志红还原伊比利亚联合王国时期（1580 ~ 1642）葡萄牙和西班牙人在东方贸易中的竞争与合作情况。④ 张倩红、艾仁贵采取跨大西洋史视角分析近代早期以来港口犹太人的殖民活动与全球性贸易网络的建构及其历史意义。⑤ 张宏宇梳理美国捕鲸史的兴衰发展历程。⑥李贵民关注越南阮朝嘉隆、明命（1820 ~ 1840）统治期间商舶制度的流变，认为是由内而外管理权责专业化的改变，是一个从中央（皇室）到地方财政支配健全化的过程。⑦

中南半岛东部濒海古国占婆拥有悠久的海洋历史，占族人谙熟航海贸易，在古代东南亚地区史、海洋史与东西方交流史上均占有重要地位。进入 21 世纪以来，国际学界对占婆历史的研究逐渐增多，占婆成为东南亚地区史与海洋史研究的崭新课题之一。2019 年《海洋史研究》（第十三辑）集中刊发了国内外占婆史专家牛军凯、蒲达玛（Po Dharma）、新江利彦、尼古拉·韦伯（Nicolas Weber）的相关力作，均为当前占婆史研究的前沿研究成果。⑧

---

① 钱江：《哪哒、采珠人与海底采珠：波斯湾珠史札记之一》，《海交史研究》2019 年第 1 期。
② 徐松岩、李杰：《共和国晚期罗马与海盗的博弈》，《古代文明》2020 年第 1 期。
③ 陈思伟：《古典时代雅典海事贷款抵押制度初探》，《海交史研究》2019 年第 3 期。祝宏俊：《海军与斯巴达霸业兴衰》，《史学集刊》2019 年第 2 期。
④ 王志红：《伊比利亚联合王国东方贸易中的西葡竞争与合作（1580 ~ 1642 年）》，《古代文明》2019 年第 3 期。
⑤ 张倩红、艾仁贵：《港口犹太人贸易网络与犹太社会的现代转型》，《中国社会科学》2019年第 1 期。
⑥ 张宏宇：《世界经济体系下美国捕鲸业的兴衰》，《世界历史》2019 年第 4 期。
⑦ 李贵民：《由内而外：十九世纪越南阮朝商舶制度的流变》，《淡江史学》2019 年第 31 期。
⑧ 牛军凯编译《法藏占婆手抄文献目录》；〔法〕蒲达玛（Po Dharma）：《流亡柬埔寨的一位占婆国王》，单超男译；〔日〕新江利彦：《关于〈占王编年史〉与占城南迁宾童龙的考察》，黄胤嘉译；〔法〕尼古拉·韦伯（Nicolas Weber）：《从占婆长诗看占婆的覆灭与被同化（1832 ~ 1835）》，杨丽叶译。以上均载于《海洋史研究》（第十三辑），社会科学文献出版社，2019。

二　学术交流及其他

2019 年度国内高校和相关研究机构先后举办了为数不少的海洋史学会议和论坛，构筑起一系列各种形式的学术交流的平台。2019 年 3 月 30 日至 4 月 1 日，厦门大学人文学院与中山大学历史系联合主办"海洋与中国研究"国际学术研讨会，会聚全球学界精英，就海洋史学理论、海域史研究、海洋史学术团队建设等议题展开了讨论，堪称近年难得一见的海洋史学盛事。11 月 9~10 日，广东海洋史研究中心、中国海交史研究会等机构联合主办"大航海时代珠江口湾区与太平洋–印度洋海域交流"国际学术研讨会暨"2019 海洋史研究青年学者论坛"，为又一场高水平、高规格的国际海洋史学盛会，也是国内青年海洋史学工作者切磋交流的重要平台，一批经过正规专业训练、具有扎实史学功底、较强国际学术交流与对话能力的青年学人崭露头角，成为海洋史研究的重要力量。

广东海洋史研究中心主办的《海洋史研究》，中国海外交通史研究会、福建泉州海交史博物馆合办《海交史研究》，上海中国航海博物馆主办《国家航海》等海洋史研究的相关刊物发表了不少具有较高质量的创新成果，对海洋史学发展起着推动和引领作用。2019 年广东海洋史研究中心成立十周年，将《海洋史研究》第 1~10 辑以合集形式重新整理出版。[1]《海交史研究》以专题形式组织发表近 40 年来海交史研究重要议题的回顾与展望，[2] 在学界引起热烈反响。

---

① 李庆新主编《海洋史研究》（1–10 合辑），社会科学文献出版社，2019。
② 孟原召：《40 年来中国古外销瓷的发现与研究综述》；陈尚胜等：《地区性历史与国别性认识——日本、汗国、中国有关壬辰战争研究述评》；李昕升：《近 40 年以来外来作物来华海路传播研究的回顾与前瞻》；聂德宁：《近 40 年来中国与东南亚海上交流史研究回顾与展望》；陈晓珊：《近 40 年来中国航海技术史研究回顾与展望》；陈辰立：《近 40 年来中国海洋渔业史研究的回顾与前瞻》。以上文章均发表于《海交史研究》2019 年第 4 期。

三　思考与展望

总的看来，2019年越来越多的研究者投身于海洋史学领域，促使海洋史学研究持续兴盛。中国海洋史研究无论在传统议题、新兴领域，还是在理论探索、方法借鉴等方面，均取得可喜进展。一些国际前沿领域，如海洋环境、海洋知识，以及大洋洲、南太平洋、印度洋史研究等，日益引起重视，① 也深刻影响着未来的学术走向。正如有学者所言，20世纪90年代以来，全球史、海洋史等新的史学研究范式对太平洋研究带来冲击，催生出以"太平洋世界"路径为代表的整体、开放的"太平洋的历史"，② 便是明证之一。

海洋史学是当今备受学界瞩目的热门学问。在国家发展新形势、学术发展新潮流激荡下，加强跨学科整合与多学科融通合作，加强与国际海洋史学对话交流，促进新兴学科和前沿学术发展，推进与亲缘学科的亲密合作，拓宽研究新边界，特别是海上丝绸之路史、海疆史、海关史、海图史、华侨华人史、海洋考古等学科领域合作，为海洋史学增添新的方法理论，建构具有中国特色的海洋史学学科体系、学术体系和话语体系，是海洋史学界共同的话题和努力方向。

---

① 2020年伊始，《光明日报》刊发3篇文章，分别介绍了大西洋史、太平洋史和大洋洲史兴起的背景、取得的主要成果，分析了不足之处，以反映国际海洋史研究的最新动态。见施诚《大西洋史研究的兴起和发展》、王华《"太平洋世界"——太平洋史研究的新路径》、费晟《海洋史视域下的大洋洲研究》，载于2020年1月20日《光明日报》。
② 王华：《太平洋史：一个研究领域的发展与转向》，《世界历史》2019年第3期。

B.6
船政历史研究与文化建设报告

陈 悦*

摘 要： 福州马尾船政在创建过程中，通过自造蒸汽轮船、培训工程
师和海军军官、编练近代化舰队，追求国家的自强，是中国
近代史上的重大事件，也是中国向海洋发展道路上的重大事
件。这一机构在一个多世纪的发展演变中取得了大量引人注
目的成就，对中国近代海军、近代社会产生了深刻的影响，
留下了大量值得借鉴的宝贵经验。本报告是关于船政历史研
究以及船政文化建设的报告。在关于船政历史研究的部分，
主要以学术成果和学术会议作为研究的缩影，介绍从船政创
建起至2020年的研究发展情况，并就其中一些标志性的学术
成果和活动加以详述。在关于船政文化建设的部分，介绍
"船政文化"这一概念提出的由来，以及自提出后至2020年，
以地方政府为主导的船政文化建设的重点内容、基本情况。
最后，对船政历史研究和船政文化建设未来的发展方向和计
划进行扼要的展望。

关键词： 船政 船政文化 福州马尾

---

* 陈悦，马尾船政文化研究会会长、福建师范大学社会历史学院硕士生导师，研究领域：海军
史、船政史、中国近代舰船史、甲午战争史。

一　中华人民共和国成立前的船政历史研究

1866 年在福州马尾创建的船政，是近代中国设立的第一个综合性海防事务机构，其职能包含：蒸汽动力舰船及配套装备的设计、建造；近代化的工程师教育、海军军官教育、职业技术教育；近代化的海军舰队建设；等等。船政作为开风气之先的变革产物，成功实现了中外平等交流，它引进、转化西方先进工业技术，成为中国近代海军的摇篮和根基，其培育出的人才在近代中国社会的诸多领域都有着突出的成就和贡献，对近代中国社会产生了深刻影响。在船政的历史中，始终体现着"科学与爱国"的精神特质，至今仍然有重要的现实意义。

有关船政的历史研究，早在清王朝时期就已经萌芽，其成果大都属于当时船政的机构和船政工作者所做的档案整理和报告性材料。

1870 年 11 月 23 日，船政的宁波籍官员黄维煊写就《福州船政局、厂告成记》一文（后辑录在光绪十九年刊行的《怡善堂膦稿》一书中），就 1866 年至 1870 年船政建设的情况、船政建筑群兴建的过程，以及整个船政建筑群各建筑和主要道路的分布坐落情况等，进行了详细入微的描述。1874 年，原船政洋员正监督、法国人日意格（Prosper Marie Giguel）在上海出版 *L'Arsenal de Fou-Tcheou Ses Résultats*（《福州兵工厂》）一书，详细介绍了船政早期规划的由来、中外技术合作的具体内容以及实施情况。这两份材料本质上都是总结、报告的性质，是有关船政历史研究成果的雏形。

1888 年起，船政衙门陆续编印名为《船政奏议》的出版物，汇纂闽浙总督左宗棠以及历任船政大臣有关船政事务的奏折、奏片。除收录 1866 年至 1902 年船政折片的《船政奏议汇编》（五十四卷）外，后又有续录至 1909 年的《船政奏议续编》（福州启明印刷所，1910），以及近年来沈岩等发现和公布的《船政奏议别编》。其性质在当时属于船政整理出版的档案，在历史研究上则具有极为重要的基础史料集的意义。

　　船政在清代的发展，因清王朝国家政策的摇摆不定而充满坎坷，至光绪末年因得不到政策和资金支持，步履维艰。1910 年，清政府在江苏江宁（今南京）举办大型的国内博览会——南洋劝业会，船政参与了这次会展，在南洋劝业会的武备馆中布置专门展位，展出了船政全景沙盘模型和船政建造的"平远"等代表性舰船的模型，以及船政创制的耐火砖、钢铁等实物，同时还在展位上介绍了船政的发展历史。在这一大背景下，1910 年当年，《地学杂志》一卷五期刊登了名为《福建船政厂考》的文章，扼要介绍了至当时为止的船政历史发展情况；《国风报》一卷十四期刊登了《船政成船表》《福州船政厂坞模型说明书》等材料，多为在南洋劝业会期间搜集到的船政资料。鉴于当时船政的生产活动已经陷入停滞，而此后一年多清王朝的历史即告结束，1910 年出现的这两个来源的杂志文章，几乎是对船政在清王朝发展历史的综述和总结。

　　进入中华民国时期，有关船政的研究普遍集中于对已经成为"过去时"的清王朝时期的历史进行分析。这一时期，近代中国遭遇着海权旁落的痛苦境遇，中国的海军弱小无力，工业弱小无力。而清代船政的创建恰恰就是为了解决国家有海无防的问题，是中国近代工业的起步，船政的诸多历史成就可以给时人带来振奋激励，也能带来以史为鉴之感。这一时期，研究者们的文章，除了考证历史本身外，往往会加上有关以船政的兴衰为例呼吁寻求自强的文字。

　　1918 年，中华民国海军部编译委员会①出版了时任编纂科科长池仲祐编撰的《海军实纪》和《海军大事记》两部官修海军史著作。其中《海军实纪》的《造舰篇·上》罗列了清末以来中国国产自造的各艘蒸汽动力军舰的建成年份、基本数据等情况，其中包含"万年清"等 41 艘船政造舰船的情况。尤为重要的是，《造舰篇·下》刊出了一篇题为《福州船政纪略》的文章，以近似史事长编的体例，将船政从 1866 年创设开始，至 1917 年止的

――――――――――
①　1912 年中华民国成立后，海军部在 1914 年 12 月设立了名为海军编史处的军史部门，旋后与海军编译处合并为编译委员会。

大事，逐年、逐月整理记录，并辑录了船政历史上一些重要的奏章文献，是第一次对船政历史沿革进行全面细致的考证整理。除此之外，在《海军大事记》一书中，也将有关船政发展沿革的内容，汇入中国海军的历史大事，更直观地体现了船政在大历史中的地位、作用。

1921 年，浙江杭州出版的《兵事杂志》连续两期（第 91 期、第 92 期）在"调查"栏目连载刊登了题为《马江船政五十年之历史》的文章，未注作者。该文以船政从 1866 年至 1914 年的发展史作为考察对象，介绍了船政设立的历史背景，以及船政各车间、单位的具体情况。较重要的是，该文作者对船政的兴衰进行思考，注意到了经费问题对船政发展的影响，以专门的一节梳理了历史上船政的经费收支情况，并最终就船政在清末生产萎缩的症结提出自己的结论观点，认为船政在清代发展停顿主要是受限于经费不足，"穷源溯流，则失败之由，固在此而不在彼也"。[①]

此后的 1932 年 12 月，清华大学《清华学报》刊载该校史学研究所学生王信忠的论文《福州船厂之沿革》。该文是第一篇船政研究的学术论文，史料上主要使用《船政奏议汇编》和日意格著《福州兵工厂》，研究的时间段选定在 1866 年至 1898 年。王信忠抓住船政中外合作等关键性事件，以此作为区分标志，将这一时间段的船政划分成"初办时期""自办时期""整顿改革时期"三个时期进行论述。对船政前期取得辉煌成绩，但之后发生停滞、倒退的原因，王信忠总结归纳到政策、经费两个重点上，做出"经费不充裕，是船厂的致命伤；经费所以不充裕，是由于朝廷无发展船厂的决心"的结论。[②]

在民国时期值得注意的现象是，船政历史的故乡福建福州逐渐成为船政史研究的热点地区，在 20 世纪 30~40 年代涌现了一批较为重要的成果。

1934 年 3 月，福建协和大学《福建文化》第二卷第十五期刊载了署名际唐的文章《马尾船政厂述要》，这是民国时期福建省有关船政研究的

---

① 《马江船政五十年之历史》（续），《兵事杂志》1921 年总第 91 期、第 92 期。
② 王信忠：《福州船厂之沿革》，《清华学报》1932 年第八卷第一期，第 57 页。

早期文章。该文主要介绍了清代船政的建设、发展历史及其成绩，得出结论：船政的功绩"不特影响于海军的前途，就是对于工业上商业上，亦有莫大的影响"。①

1934年夏秋之际，《福建民报》以连续三个月、多达80余期的规模，登载林梵萱所著船政兴衰系列文章。在全部连载完毕后，以《曲石龛琐记——船政兴衰考》之名发行单行本。林梵萱的父亲是清代船政官员，亲历亲闻了很多历史事件。林梵萱以私家传承的见闻、回忆为基础，按照事件拟定主题，逐篇加以记述，所涉的时间段从清末直至民国南京政府时期，记录了大量鲜为人知的生动史实，是极为可贵的笔记掌故材料。

1938年，中华民国新修的《福建通志》出版，其中单列有一卷《船政志》，对船政的历史地位做了高度评价。

抗日战争胜利后，1947年12月，福建协和大学教师王文杰在《福建文化》第三卷第二期发表《十九世纪中国之自强运动》，其中较大篇幅涉及船政的历史，将船政纳入洋务运动历史中进行考量，是该文的一大特色。

除了各种通史性的论述、研究外，本阶段还出现了针对船政历史中某一具体方面的专题研究，较具代表性的如：1933年，曾任船政飞机工程处副主任的曾贻经在《科学画报》杂志一卷九期发表文章《国产飞机》，详细介绍了船政在民国时期创建航空事业的历程和成果，随文附带大量珍贵照片。② 1938年燕京大学出版了该校经济学教授陈其田的英文专著 *Tso Tsung T'ang', Pioneer Promoter of the Modern Dockyard and the Woollen Mill in China*（左宗棠，中国现代造船和纺织厂的创始者），对左宗棠及其创建船政事业的过程进行了探讨。

---

① 际唐：《马尾船政厂述要》，《福建文化》1934年第二卷第十五期，第18页。该文有关船政各车间的介绍，明显与1921年《兵事杂志》所刊《马江船政五十年之历史》存在某种关联，其相关文字内容基本一致。

② 该文章内容与1931年海军飞机制造处在全国航空会议上提交的报告相似，见《全国航空会议汇编》，全国航空会议秘书处，1931，第46~53页。

此外，很多船政及相关人物的文集、日记在清末和民国时期陆续整理刊印，如《左文襄公全集》《沈文肃公政书》《丁文诚公遗集》《李文忠公全集》《吴光禄使闽奏稿》《涧与集》《裴光禄遗集》等，均包含涉及船政的内容。清政府官修辑录的《实录》《上谕档》《筹办夷务始末》等档案集中也有大量涉及船政的内容。民国时期修纂的《清史稿》内，对船政的历史也有所涉及。

总体而言，本阶段是船政研究的萌芽、开创期，相关学术成果的数量并不很多，但普遍质量较高。有关船政的史料整理、通史性研究、人物研究、专门问题研究等都已经有所体现，而且在研究中已经出现了诸如清末船政发展停滞的原因、船政的历史借鉴作用等研讨热点，以及有关船政历史如何分期的重要探讨，这些研究成果都为此后船政历史研究的发展打下了非常坚实的基础。

在本阶段，研究者们对船政的关注，较普遍地聚焦于船政的舰船制造及相关生产性机构，往往将船政简单地理解为一个普通的生产性机构，而对船政在教育、海军等方面的历史讨论较少，这是本阶段存在的明显不足。

二　中华人民共和国成立以来的船政历史研究

1949 年 10 月 1 日，中华人民共和国成立，船政自身的历史发展和船政历史的研究都进入了全新的阶段，研究的深度、广度都得到大幅的拓展，尤其是到了改革开放以后，船政历史研究持续快速发展，各种成果不断涌现，研究和讨论热点迭出，令人瞩目。在本阶段，福建省的历史研究工作者对船政史研究的传承、开拓做出了特别重要的贡献。作为船政诞生地的福州市以及马尾区成为船政史研究活动开展最为集中、研究最为活跃、产生成果最多的区域。

从 1949 年至今，船政历史研究的成果丰硕，扼要而言，大致可以体现于三个主要方面。

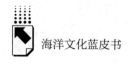
（一）史料整理

在清代、民国时期，研究者将船政主要视作一个舰船、军工制造机构。受此影响，在中华人民共和国成立后，船政最初主要是被作为洋务运动的一项具体成果，相关的史料多是随着有关洋务运动史料的整理工作而形成。如1957年，科学出版社出版孙毓棠主编的《中国近代工业史资料》（第一辑）、汪敬虞主编的《中国近代工业史资料》（第二辑），船政作为"清政府经营的近代军用工业"，收录了部分史料。

同在1957年，台湾出版了"中央研究院"近代史研究所编纂的中国近代史资料汇编《海防档》（精装全9册，平装全17册），这是对所藏清代总理各国事务衙门档的影印整理，按主题分为甲、乙、丙、丁、戊五辑，其中的乙辑为《福州船厂》，收录了和船政相关的部分，大多是历任船政大臣与总理衙门间的往来公文和折稿抄件等，研究价值极高，与《船政奏议》等史料可以互补。

1961年，中国史学会主编的中国近代史资料丛刊《洋务运动》（八册本）由上海人民出版社出版，第五册专门辑录船政史料，收录了从中国第一历史档案馆所藏军机处档案中整理辑录的有关船政事务的奏稿，以及从沈葆桢等人物的文集、日记中摘录的相关内容。该丛书第八册则摘译了《田凫号航行记》《中国的海陆军》等涉及船政的外文资料，以及际唐著《马尾船政厂述要》等民国文章。

1973年，福建师范大学历史系教师林庆元主编《马尾船政局史资料汇编》油印刊行，1979年经扩充后又油印增辑。该史料集的产生背景非常特别。1958年福建省在船政旧址上创办马尾造船厂，1959年福建师范学院（后为福建师范大学）派出林庆元、张晓东、徐恭生等人，与福州市文联的相关人员一起在上海和福州地区开展船政史料的收集和口述史访问。这次活动后，由林庆元根据调查成果进行研究，并扩充编纂为清代、民国时期的船政史料合集。该史料集内容极其丰富，从其收集范围还可以看出整理者对船政历史的关注，已经大大超出了生产制造范围，是船政史研究即将拓展的迹象。可惜的是，该史料集未能按原计划出版，仅流传下来少量油印的征求意见稿。

改革开放之后，船政及相关史料的整理稿、出版物数量增多，其中较为重要和具有代表性的有 1994 年上海人民出版社出版的石健主编的《中国近代舰艇工业史料集》，以多个专节的形式编入船政文献史料，并撰写了通史性的介绍。2006 年海潮摄影艺术出版社出版的张作兴主编的《船政文化研究》第六集《船政奏议汇编·续编》，是这一基础史料的首个标点本。同年，福建省音像出版社出版的林樱尧主编的《马尾首创中国航空工业资料集》，是第一部关于船政飞机制造事业的史料集。2011 年九州出版社出版刘传标主编的《近代中国船政大事编年与资料选编》（全 25 册），以影印的方式公布了大量船政档案的原始面貌。同年，国家图书馆出版社出版沈岩、方宝川主编的《船政奏议全编》，首次公布了《船政奏议别编》。2017 年山东画报出版社出版陈悦编的《船政规章文集汇编》，首次尝试将船政各时期的规章档案进行收集汇编。2020 年福建人民出版社出版陈悦编的《沈葆桢李鸿章通信与近代海防》，首次对沈葆桢、李鸿章的通信进行对比整理、汇编。

除此之外，沈葆桢、丁日昌等船政人物的文集、日记等材料，在海峡两岸得到影印或标点整理，这为船政史研究提供了重要的相关史料。

（二）学术研讨会

中华人民共和国成立后，首个关于船政的学术研讨会举办于 1986 年。当年正值船政创办 120 周年，在福州马尾举行了"马尾船政创办 120 周年学术讨论会"，与会近百人，提交学术论文 70 余篇之多，充分显示了当时船政研究的热度。

之后较为重要的学术研讨会有 1996 年为纪念船政创设 130 周年在福州马尾举行的"船政文化国际学术研讨会"。2003 年福州市委宣传部、中共马尾区委、马尾区政府等单位主办"中国（福州）船政文化研讨会"（2004 年、2006 年、2008 年、2011 年、2014 年相继举行了第二、第三、第四、第

五、第六届研讨会），会议论文以《船政文化研究》系列图书的形式陆续结集出版。2010 年，福州市人民政府、台盟福建省委、福州市政协、福建省文史研究馆等单位主办首届"海峡两岸船政文化研讨会"，而后每年举行一届，从不同主题角度探讨船政的历史文化，至 2020 年为止共举办 11 届，收集各类论文近千篇，会后曾编印论文集《船政足为海军根基——福州船政与近代中国海军史研究论文集》《福建船政与台湾近代化》等。2016 年，正值船政创设 150 周年纪念之际，中国史学会、福州市人民政府主办"船政与中国近代化启航——纪念福建船政创办 150 周年研讨会"，会后出版《纪念福建船政创办 150 周年专题研讨会论文集》（中国社会科学出版社，2019）。

除上述船政主题的学术研讨会外，福州、马尾地区还举办了大量与船政有关的其他主题的重要学术会议。如：1984 年在马尾举行"甲申马江海战一百周年纪念学术讨论会"，1991 年在福州举行"中日甲午海战中之方伯谦问题研讨会"，1992 年在马尾举行"洋务运动史国际学术研讨会"，1993 年在福州举行的"严复国际学术研讨会"，1997 年在福州举行"严复思想与中国近代化学术研讨会"，2000 年在马尾举行"纪念沈葆桢 180 周年诞辰学术研讨会"，等等。

这些学术会议的举办，大力推动了船政历史研究的发展，锻炼和扩大了研究队伍，提高了学术热度，收集、积累了海内外有关船政研究的大量学术成果，使得对船政及其历史成就、现实意义的认识不断深化和提升。

（三）著述成果

1. 船政通史专著

从 1949 年至今，船政的通史性专著共有三部。[①]

1986 年，福建人民出版社出版的林庆元著《福建船政局史稿》，是第一

---

① 中华人民共和国成立后，关于船政的第一篇通史性的论文产生于福建协和大学，即 1951 年该校学生周日升的毕业论文《马尾船政局之始末》。

部关于船政通史的系统专著，研究分析了 1866～1949 年的船政发展史，不仅关注了船政的制造工作，同时涉及船政教育的历史和船政与近代海军的关系，对船政做出了"中国近代造船工业的先驱、培养近代科技队伍的基地、近代海军的摇篮"的评价。

1987 年，四川人民出版社出版沈传经著《福州船政局》，该书选取清代船政的发展史（1866～1907 年）作为研讨对象，涉及的内容则仍聚焦于船政制造方面。

2016 年，福建人民出版社出版陈悦著《船政史》，这是关于船政的最新通史专著。以 1866～1949 年的船政发展作为主要考察对象，兼及1949 年之后船政的衍脉流传。同时关注船政的制造、教育、海军建设等多方面，并对清代船政的性质、船政内部机构的设置及运作模式进行了分析和探讨。

2. 其他相关著作

1949 年至今，除通史性的专著之外，涉及船政的其他著述颇为丰富，其中具有代表性的有如下著述。

大事、志：林萱治主编《福州马尾港图志》（福建省地图出版社，1984）、驻闽海军军事编纂室编《福建海防史》（厦门大学出版社，1990）、《福建船政学校校志 1866～1996》（鹭江出版社，1996）、马尾区地方志编纂委员会编《马尾区志》（方志出版社，2002）、陈道章主编《福建船政大事记》（中国文联出版社，2010）、台湾"海军军官学校"编《海军军官教育一百四十年 1866～2006》（台湾"国防部海军司令部"，2011）、沈岩主编《船政志》（商务印书馆，2016）。

研究文集：王家俭《中国近代海军史论集》（台湾文史哲出版社，1984）、陈道章《船政研究文集》（福建省音像出版社，2006）、林樱尧主编《船政研究集萃》（马尾造船股份有限公司，2006）、陈道章主编《纪念陈兆锵将军文选》（福建省音像出版社，2007）、马幼垣《靖海澄疆——中国近代海军史事新诠》（中华书局，2013）、沈岩《沈岩船政研究文集》（社会科学文献出版社，2016）。

人物研究：吕实强《丁日昌与自强运动》（台湾"中央研究院"近代史研究所，1972）、林崇墉《沈葆桢与福州船政》（台湾联经出版社，1987）、王植伦、高翔《萨镇冰》（福建教育出版社，1988）、林庆元《沈葆桢》（福建教育出版社，1992）、David Pong（庞百腾）*Shen Pao-chen and China's Modernization in the Nineteenth Century*（英国剑桥大学出版社，1994；中文版由陈俱翻译，上海古籍出版社，2000）、《永远的蔚蓝色——福州"宫巷海军刘"》（天津大学出版社，2014）、刘传标《船政人物谱》（福建人民出版社，2017）。

船政教育研究：包遵彭《清季海军教育史》（台湾"国防研究院"，1969）、沈岩《船政学堂》（科学出版社，2007）、中国人民政治协商会议桐梓县委员会编《抗日战争特殊岁月里的桐梓海校》，2008。

船政制造及舰船研究：陈悦《近代国造舰船志》（山东画报出版社，2011）、陈悦《民国海军舰船志 1912～1937》（山东画报出版社，2013）。

船政与海军史研究：陈书麟、陈贞寿《中华民国海军通史》（海潮出版社，1992）、海军司令部编著《近代中国海军》（海潮出版社，1994）、陈悦《甲午海战》（中信出版社，2014）、陈悦《中法海战》（台海出版社，2019）。

船政与中国近代化：黄嘉谟《甲午战前之台湾煤务》（台湾"中央研究院"近代史研究所，1961）、芮玛丽（Mary C. Wright）*The Last Stand of Chinese Conservatism the Tung—Chih Restoration*，1862 – 1874（美国斯坦福大学，1962。中文版由房德龄翻译，中国社会科学出版社，2002）、王尔敏《清季兵工业的兴起》（台湾"中央研究院"近代史研究所，1978）。

图集：福州市社会科学院、中共福州马尾区委宣传部编著《百年船政》（海潮摄影艺术出版社，2008）、刘述先编著《船政影像》（鹭江出版社，2016）。

三　1996年至今的船政文化建设

改革开放后，随着船政历史研究的不断深入发展，船政的历史成就和价值不断得到发掘和肯定。如何更好地宣传船政，让这一段历史更广为人知，如何发挥好船政历史资源的现实价值，如何用近代船政和船政人所体现的崇尚科学、忠诚爱国的事例和精神激励现代人，这些问题日益受到福州、马尾地方政府和社会各界的重视，相关的探索和实践也陆续展开。1996 年 12 月 1 日，在福州马尾举行的纪念船政诞生 130 周年的学术讨论会被命名"船政文化国际学术研讨会"，"船政文化"这一概念就此被提出。

从"船政文化"概念提出开始，相关的建设和发展工作主要由福州市、马尾区地方政府主导推进（2005 年 7 月成立福州中国船政文化建设管理处，是船政文化相关资源保护、利用和发展的具体实施单位。2013 年更名为福州中国船政文化管理委员会），陆续展开。船政文化建设工作以船政历史研究作为文化的支撑点，以船政的历史遗存建筑、文物为核心载体，其建设领域广泛，表现形式丰富多样。

（一）主要纪念和展览场馆建设

船政文化建设的一大重点就是纪念和展览场馆的建设，以此作为介绍和宣传船政历史、传播船政文化的基础平台。1996 年"船政文化"概念提出前，福州马尾原有罗星塔公园和中法马江海战纪念馆两处与船政历史相关的纪念、展览场所，1996 年后又增加了中国船政文化博物馆，形成了"两馆一园"的基础格局。

1. 罗星塔公园

罗星塔公园的主体是马尾的罗星山一带，以建于明代天启年间的石制宝塔——罗星塔为主要景观。罗星塔在历史上曾是闽江重要的航路标志，19 世纪福州开埠后，更是被到达福州的西方船只视为中国的地标象征，称为"中国塔"，是中外海上贸易史、航海史的见证文物，也是对船政诞生的时代背景的诠释。

2. 中法马江海战纪念馆

中法马江海战纪念馆的主体建筑原为 1886 年建成的马江昭忠祠，起初

用于祭祀马江之战牺牲的海军将士，民国时代增祀甲午海战烈士，成为中国唯一一座纪念近代海军烈士的专祠。1984 年，昭忠祠经修缮后与马江海战烈士陵园、马限山中坡炮台等合并为中法马江海战纪念馆，馆内设有介绍中法马江之战历史的基本陈列。1992 年、1994 年、2003 年、2014 年，馆内的陈列展览等曾多次调整和更新改造，是纪念近代海军英烈、介绍马江之战历史、收藏近代海战文物的专门场馆。

3. 中国船政文化博物馆

1996 年"船政文化"概念提出后，1997 年在福州马尾建设名为"中国近代海军博物馆"的馆舍建筑，总面积为 4000 余平方米，1998 年建成开馆。2004 年进行展览改造，更名为"中国船政文化博物馆"，于 2005 年以全新面貌对外开放，发挥其展示船政历史，征集、收藏船政文物等功能。至 2020 年共有馆藏文物 1100 余件，其中包括船政初创时期从法国购买的大型机床、清代船政官员撰写的船政内部各机构情况汇总、船政各时期毕业生的文凭证书等珍贵文物近 500 件，丰富了船政文化宣传的载体，也为船政历史研究不断提供全新的素材。2020 年，中国船政文化博物馆充分运用馆藏文物和资料，并吸收船政历史研究的最新成果，对基本陈列进行了提升改造。

（二）船政文化城

"船政文化城"的建设方案于 2012 年提出，旨在配合马尾的新城建设，进一步保存船政历史风貌，增加船政文化展示平台，增强船政历史文化宣传，利用船政文化发展文旅产业。文化城总的片区规划从马尾旧街一直延伸至罗星塔公园，面积超过 1000 亩，其中包含属于马尾造船股份有限公司（马尾造船厂 2001 年改制为马尾造船股份有限公司）300 余亩的船政旧址区域。总体思路是对历史上船政旧址区域进行保护和功能转化，注入船政历史研究、学术交流、历史建筑保护展示、研学等多种功能，在其周边发展文旅产业。

作为船政文化城的初期建设方案，至 2016 年为止，先后在船政旧址上复原重建了船政衙门、船政前后学堂、船政天后宫等建筑，内部作为历史文化展示以及开展学术交流和研学教育的空间。

2019年，随着马尾造船股份有限公司从船政旧址完全迁离，船政文化城中的船政旧址即原马尾造船厂片区的保护利用提上议事日程。2019年9月，本着保存历史记忆、修旧如旧等原则制定的片区保护与发展规划方案编制完成，12月15日开工实施。在完成片区建筑结构鉴定、场地测绘、地质勘查、文物勘探等工作后，修缮等施工逐步展开，至2020年底完成了马尾造船厂片区第一期保护和建设工作。

第一期保护和建设项目的实施范围内，保留了全部10栋原有建筑，其中修缮了清末1867年修建的船政轮机车间、绘事院建筑；修缮了经历清末、民国时期的船政铁胁车间屋架、船政铁码头；修缮了分别建成于20世纪60年代、70年代、90年代的马尾造船厂车间建筑，使船政在不同发展时期的建筑均有所体现，展现了船政的历史发展脉络。在这些车间建筑内部，布置与建筑本身历史或功能相关的还原式展示场景，以及船舶、飞机等主题的展览，其中部分建筑用作书店、旅游服务中心等用途。利用片区的户外空场地，规划建设了"船政1866""船的诞生""火种"等不同主题的广场。

（三）影视、艺术作品创作

影视、艺术作品是对历史的提炼和升华，是最利于历史普及的形式。在船政文化的发展建设中，这一方面的创作也得到了重视，并初见成果。以下是有关船政历史的代表性影视、艺术作品。

1991年，福州市人民政府和福建电视台联合摄制了13集电视连续剧《马江之战》，全景式地表现了1884年8月23日马江之战的历史经过，是第一部关于中法战争、船政的影视作品。

1992年，中央电视台影视部摄制12集电视连续剧《北洋水师》，其中很大篇幅涉及船政学堂、中法马江之战、船政学堂毕业生在甲午战争中的表现。该剧荣获当年"飞天奖"最佳电视剧奖。

2007 年，福州经济技术开发区、福州广播电视集团联合摄制 22 集电视连续剧《船政风云》，是首部专门反映船政历史的影视作品。

2011 年，中央电视台"探索·发现"栏目摄制 5 集电视纪录片《船政》。

2012 年，中国电影股份有限公司等单位出品电影《一八九四·甲午大海战》，内容以船政后学堂毕业生的成长及其参加甲午海战的历程为线索。该电影荣获第 15 届上海国际电影节电影频道传媒大奖最佳影片奖。

2014 年，中央电视台、中共福建省委宣传部、福建省广播影视集团、中共福州市委宣传部、中共马尾区委宣传部联合摄制 6 集电视纪录片《船政学堂》，荣获第十三届精神文明建设"五个一工程奖"。

2019 年，马尾区海峡闽剧团创作的闽剧《马江魂》成功上演，这是第一部船政题材的戏剧作品。

（四）文化、教育和交流活动

船政文化建设全面开展后，举行了大量面向全社会的文化和交流活动，其中一些已经成为至今连续举办的常规活动。例如，以船政、近代海军等为主题的公众讲座、以纪念近代海军英烈为主题的祭扫活动、以船政历史为桥梁的海峡两岸文化交流活动、每年举行的船政文化知识竞赛活动、船政文化研学活动等。2019 年，结合反映近代工业题材的首部动画电影《江南》的上映，在船政百年轮机车间举行了"船政点映《江南》"活动。2020 年，结合马尾造船股份有限公司承造的中科院深海所科考船"科学二号"的首航，举行了船政文化登上"科学二号"的系列活动等。

四 船政历史研究和文化建设的展望

经略海洋，建设海洋强国，是新时代中国的重大国家战略。在这一时代大潮中，作为近代中国探索向海求强产物的船政，必然能发挥更大的文化价值。

未来，船政历史研究和文化建设将继续相辅相成，以研究为内核，以文化建设为外延拓展。

（一）船政历史研究

船政的历史研究经历百年，积累了大量的研究成果，关于船政自身的研究已经在数代学者的耕耘下趋于成熟，一些年轻学者甚至因此产生了船政研究资源已经"枯竭"的感慨，感慨难以在这一领域生发出新意。船政历史研究因而正面临着如何自我提升、如何突破瓶颈的关键问题，这个问题也直接关系到船政文化建设的未来潜力。为解决这一问题，未来船政历史研究将朝向如下几个方面进行开拓。

1. 拓宽研究范围

目前，关于船政自身发展历史的研究已经趋于成熟，需要对这一历史课题的外延进行大幅拓展。历史上，船政是集制造、教育、军事等职能于一身的机构，与中国近代化、中国近代海军息息相关，在历史研究方面也应该从船政自身的历史出发，扩大视角，把船政置于更为宽广的领域中去研究和把握，如船政与洋务运动、船政与航海史、船政与海洋文化、船政与海军史、船政与近代舰船史、船政与近代外交、船政与近代科技、船政与经济史、船政与闽台近代史、船政与近代工人运动史、船政人物史、福州和马尾地方史、新中国成立后的马尾造船厂史等。通过向这些领域拓展研究，不仅能扩大研究的范围，而且必然还能带来对于船政自身历史的再认识、再评价，为船政的研究增添新意，也是对"一部船政史，半部中国近代史"的最好印证。这种全方位的开拓，有助于推动船政的历史研究成为一个内容丰富、意义重大的学科。

2. 深挖史料

与拓展研究外延同样重要的是，船政的历史研究下一步将下大力气深挖史料，尤其是原始档案，为船政历史研究的拓展提供更多的资料支撑。这项工作近期的主要目标包括《沈葆桢全集》的整理编纂，从英、法等国的外交、海军档案中系统复制有关船政的档案。同时，还将继续通过访问船政人

物后裔，探寻尚未发现和公布的新史料；通过开展口述历史调查，积累口述史资料。

3. 增强研究力量

船政的历史研究是船政文化建设的支撑，在船政文化城建设中也将学术研究和交流放置到十分重要的地位。为增强研究力量，一方面是通过马尾船政文化研究会等团体和机构，对现有船政文化工作人员进行锻炼培养；另一方面是通过与高校联合，以联合开展课题研究等方式，促进研究机构和研究者参与到船政相关历史的研究中。最后是通过广泛联系凝聚海内外的船政历史热心人士，推动船政历史的民间研究。

4. 服务现实需求

根据船政文化建设中遇到的历史研究或资料空白点，随时组织展开有针对性的研究，有助于船政历史研究的不断细化。同时，围绕海洋观和海权观教育、海洋文化的继承发展，以及主题教育、研学教育的需求，做好相应的研究支撑。

（二）船政文化建设

船政文化建设工作的未来目标是加大船政历史的普及力度，提升船政文化的传播力和社会认知度，促进地方经济社会的发展。其重点工作集中在下述几个方面。

1. 不断强调船政历史的精神内涵

船政是近代中国人追求自强的产物，其历史发展的全过程中都体现了"科学与爱国"的精神内涵，这种精神内涵赋予现代人继续宣传船政文化的现实意义，也是鼓舞和激励现代人的好素材，是船政文化工作的社会价值所在，应通过宣传和文化、交流等工作，不断加以强调。

2. 船政文化城建设

船政文化城项目马尾造船厂片区第一期实施完毕后，已经建设成型的片区将对外开放，同时着手后续片区的施工建设。2021年将主要涉及马尾造船厂片区船台区的保护开发，以及江滨岸线码头的利用，其中的一项重点建设工作是筹备按照 1∶1 比例复制一艘船政造历史舰船，其中将牵涉到舰船史研究、仿古舰船建造等课题。

船政的历史及衍生的文化，继承了中国传统海洋文化中的很多元素，又在工业化时代中西方技术、思想碰撞和交流下发生了重要的转型变化，生发出全新的内涵。有关船政历史研究的开拓及其文化建设工作，将作为中国海洋文化现代实践的独特个例继续发展，为中国海洋文化的丰富性增添注脚。未来如何更好地在船政文化城融入和体现传统舟船文化、近代船舶文化、海洋文化，是船政文化建设的重要思考和实践内容。

3. 为申报世界文化遗产做准备

船政是近代中国与世界平等合作的成功范例，是中国近代化的开篇代表之作，对近代中国社会产生了重要的影响。现代在福州马尾保存着大量船政历史遗存，至 2020 年为止，船政遗址群共有各级文物保护单位 105 处、113个点（其中全国重点文物保护单位 3 处 9 个点，省级文物保护单位 1 处 3 个点）。深厚的文化和丰富的历史遗存，使得船政成为中国近代化、中国近代舰船工业、中国近代海军等主题的重要历史遗存群落。其重要性已经开始得到足够认识，船政遗址群先后入选"第二批中国 20 世纪建筑遗产名录""中国工业遗产保护名录"。2009 年，船政建筑群申报世界文化遗产的论证等工作陆续展开，现代船政文化建设也始终将申报世界文化遗产作为重要目标，根据这一需要进行各种准备工作。

案 例 篇

Case Studies

B.7
"全国大中学生海洋文化创意
设计大赛"分析报告

吴春晖 吴牵*

摘　要：　全国大中学生海洋文化创意设计大赛（以下简称"海洋大
　　　　　赛"）是全球唯一以海洋文化为主题的公益设计大赛，是
　　　　　"世界海洋日暨全国海洋宣传日"的主要活动内容之一。目
　　　　　前"海洋大赛"已经成功举办九届，并逐步成为国内极具影
　　　　　响力的大型赛事活动和海洋文化创意、创新与传播的重要平
　　　　　台，产生了积极的社会影响，越发受到政府、社会、高校的
　　　　　重视，对参赛大中学生的全面发展具有较大的促进作用。本
　　　　　文分析了"海洋大赛"的基本情况，对九届大赛的总体数据

* 吴春晖，中国海洋大学教授，中国海洋大学海洋文化创意设计发展中心主任，全国大中学生
海洋文化创意设计大赛创始人、秘书长，海南热带海洋学院教授，主要研究领域：品牌策
划、平面设计；吴牵，哈尔滨工业大学博士研究生，主要研究领域：工业设计、机械设计。

进行了概述与分析，从三个阶段讲述了大赛近十年的发展历程、主要活动。大赛的影响力以及参赛作品的质量逐步提升，推荐作品获得了多项国际赛事的奖项。本文也总结了大赛在实践过程中积累的成功经验，并提出了未来的发展方向，如建立更多的相关保障机制、设置更丰富的内容、举办更多样的相关活动、更新专家库和提升作品质量、与海洋文化产品相结合等，以便将"海洋大赛"工作进一步做细做精，为创意、创新与传播海洋文化发挥更加积极的作用。

关键词： 海洋文化　海洋大赛　创意设计　传播平台

一　"海洋大赛"概述

（一）"海洋大赛"的诞生及其背景

21世纪以来，我国相继提出了建设海洋强国、构建"21世纪海上丝绸之路"以及建设"美丽中国"、实现中华民族伟大复兴等一系列国家战略或倡议，同时提出了"五位一体"的以经济建设、政治建设、文化建设、社会建设、生态文明建设为核心的整体战略规划。在国家海洋战略规划推进过程中，海洋文化创新是十分重要的一环，培育、塑造面向海洋世纪的新型海洋文化，有助于国家海洋战略的顺利实施，促进生态文明建设。为了更好地进行海洋文化创新，需要建立海洋文化传播和创意的新平台、新载体、新媒介。

我国于2008年7月18日首次开展了"全国海洋宣传日"活动，该活动在全国范围内掀起了关注海洋、保护海洋的热潮。同年12月5日，第63届联合国大会通过了第111号决议，决定自2009年起将每年的6月8日定为"世界海洋日"。我国于2010年起将"全国海洋宣传日"定在6月8日"世界海洋日"那天，同时举办"世界海洋日暨全国海洋宣传日"活动。2012年6月，经国家海洋局宣传教育中心和中国海洋大学协商，决定共同举办"全国大学生海洋文化创意设计大赛"（从第二届改为"全国大中学生海洋文化创意设计大赛"）。"海洋大赛"是全球唯一的以海洋文化创意为主题的公益设计赛事，是顺应时代、面向未来的产物，同时也是"世界海洋日暨全国海洋宣传日"的主要活动内容之一。大赛由自然资源部宣传教育中心（原为国家海洋局宣传教育中心）"海洋文化创意项目"立项，自然资源部宣传教育中心、中国海洋大学、中国海洋发展基金会和自然资源部北海局（原为国家海洋局北海分局）共同举办，中国海洋大学管理学院（后改为海洋文化创意设计发展中心）承办，中国海油公益基金会协办。[①] 参赛学生通过创意设计来描绘美丽的海洋，从而激发创新创意能力。"海洋大赛"的宗旨是在全国大中学生当中普及海洋知识，增强海洋意识，同时呼吁社会公众认识海洋、关心海洋、热爱海洋，为世界海洋事业发展做出贡献。

（二）"海洋大赛"的内容和形式

"海洋大赛"主题鲜明，内容涉及多个学科，其学术和实践价值资源丰硕，为广大青少年创建了一个认识海洋、普及海洋知识、参与海洋文化交流的良好机会。历届大赛的多个主题充分体现了人与自然和谐共处的精神诉求。作品类别涵盖了平面设计、产品设计、景观设计、媒体动漫、营销策划，是创作设计和营销广告等多学科结合的综合性设计赛事。

迄今为止的九届"海洋大赛"参赛高校1500余所、中学290余所，覆盖全国所有省份（含港、澳、台），共收到参赛作品约120000余件。作为全球唯一以海洋文化为特色的公益设计大赛，征集作品的数量逐年增加，作品的质量全面提升，创意设计的领域不断拓展，这些都表明大赛组织者付出了辛勤的工作，大赛的影响力不断提高，为全国大中学生搭建了认识海洋文化的高层次交流宣传平台。

---

① 全国大中学生海洋文化创意设计大赛网站，http：//mcd.ouc.edu.cn。

为了不断扩大"海洋大赛"的影响力，丰富大赛的内容与形式，组委会将获奖作品在全国范围内进行巡回展出，迄今累计有150余所高校（展览馆）参与巡展，并在每年的颁奖典礼期间举行海洋创意论坛与专家圆桌对话等活动，获得了较好的社会反响。

（三）"海洋大赛"的意义

通过积极参与"海洋大赛"活动，并创作各种创新性的参赛作品，大中学生综合素质显著提升，得到了全面发展。[①]

1. 提高青年学生的实践能力

大中学生虽然具有丰富的社会科学、自然科学等专业知识，但动手能力较差，社会实践的机会并不多。因此，大中学生通过参加"海洋大赛"，不仅查阅了大量海洋文化资料、思考了相关理论难题，而且动手实践、思考海洋文化与海洋生态文明建设等社会问题，做到理论联系实际，极大地提高了动手能力、策划能力和综合实践能力。例如，中国海洋大学的大学生通过对广告设计课程的学习与实践，参加各种大学生广告设计大赛活动等，普遍对广告策划、广告文案、广告设计、广告制作等增进了了解，从中获取了书本上学不到的知识。

2. 激发青年学生的创造力

大中学生自报名参加"海洋大赛"之日起，创造激情就已经在其心中萌发。"海洋大赛"引导大学生参与广告设计实践活动，锻炼他们的创意思维，挖掘他们的创意潜能，提升他们的设计实践能力，培育他们的创新精神，提升他们的创业技能。中国海洋大学的大学生在参加"海洋大赛"后，提高了创新精神和实践能力，激发了创意灵感。

3. 增强青年学生的社会责任感和社会担当力

一方面，海洋是人类共同的生存环境和共同的资源宝库，对它的保护和

[①] 蔡晓红、吴春晖：《海洋文化传播和青年素质提升的有益探索——以"全国大中学生海洋文化创意设计大赛"为例》，《中国广告》2015年第10期。

利用是每一个人的责任，因此，在"海洋大赛"活动中，青年学生收获的不仅是能力，而且提升了对海洋的责任感和热爱，逐步认识到人要与海洋和谐相处的道理。另一方面，海洋安全是世界各国尤其是沿海国家的重要责任。21世纪的中国要成为海洋强国，真正实现中华民族的强国之梦和复兴之梦，就要求青年学生具有较强的社会担当力。而在"海洋大赛"活动中，青年学生的爱国热情通过"海洋强国梦"激发出来，一幅幅作品展示出他们赤诚的爱国之心。

4. 提升青年学生的审美能力

爱美之心人皆有之，追求美在任何时代都是潮流，但爱美不一定就会美。对广大青年学生而言，大海是美丽的，也是宽广的；大海是温柔的，也是凶猛的。保护好海洋环境，才会使海洋更加美丽。因此，在"海洋大赛"活动中，青年学生通过设计一件件展示美丽海洋的精美作品，讴歌着自己心中美丽的海洋。

5. 拓展了学生丰富多彩的学习生活，培养了团队精神

在参加"海洋大赛"时，大赛允许同学们跨专业、跨校组队参赛，约30%的大学生以团队形式参赛。大学生通过组成参赛团队，做到优势互补，协同作战，既交流了创意设计知识和实践技能，又培养了团队合作精神，为将来学习和工作积累了丰富的经验。

二 "海洋大赛"的发展历程

（一）"海洋大赛"主题

"海洋大赛"作为海洋文化传播和创意设计的新平台开始于2012年，分别以"海洋·人类·和谐"、"美丽海洋"、"海洋强国梦"、"丝路海洋"、"创意海洋"、"智慧海洋"、"透明海洋"、"生态海洋"和"资源海洋"为主题成功举办九届。[1]

---

① 相关图书由中国海洋大学出版社出版。

1. 第一届主题：海洋·人类·和谐

21世纪是海洋世纪，海洋是承载人类未来希望和梦想的挪亚方舟，海洋强国也是中国走向繁荣富强的必由之路。从"征服海洋"到"与海洋和谐共处"，是我们在认识和世界观上的一个进步，海洋－人类－和谐，就是鲜明的体现。

2. 第二届主题：美丽海洋

海洋的浩瀚壮观、变幻多端、自由傲放、奥秘无穷，使得人类视海洋为力量与智慧的象征与载体。海洋文化中崇尚力量的品格和自由的天性，使海洋文化更富有开放性、外向性、兼容性、冒险性、神秘性、开拓性、原创性等特征。

3. 第三届主题：海洋强国梦

中华民族创造、传承、发展了历史悠久、积淀深厚、内涵丰富的海洋文化。当前，举国上下正致力于开发海洋资源，发展海洋经济，保护海洋环境，维护海洋权益，努力建设海洋强国，这不仅需要发展海洋科技、海洋经济等"硬实力"，也需要不断提升海洋政治影响力、海洋文化感召力等"软实力"。这届大赛围绕"海洋强国梦"这一主题，引导全国大中学生从海洋文化的视角，创作多姿多彩的作品，全方位地表达对海洋强国梦的认知与感受。

4. 第四届主题：丝路海洋

自秦汉之后，古代中国开通了海上丝绸之路，在港口、造船、航海、海外贸易、海外移民、对外科技文化交流等方面留下了丰富而宝贵的海洋文化遗产。建设"21世纪海上丝绸之路"，是当代中国针对复杂多变的世界格局，为创造合作、和平、和谐的对外合作环境而确定的重大国策。这届大赛以"丝路海洋"为主题，希望全国大中学生通过新奇的构思、独特的创意、精妙的设计，继承创新古代海上丝绸之路的传统智慧，畅想"21世纪海上丝绸之路"建设的内涵、路径、成效及前景等，创新性地诠释"和谐之海"、"和平之海"和"合作之海"的思想精髓，积极服务于繁荣海洋经济、发展海洋事业、建设海洋强国的当代实践。

5. 第五届主题：创意海洋

生命源于海洋，创意始于陆域。人类凭借创新创意，创造了璀璨的海洋与陆地文明。海洋规律的认识与探索、海洋资源的开发与利用、海洋环境的研究与保护，需要人类思想的碰撞、智慧的对接，并在人类认识、开发、利用和保护海洋的创意与创新中实现。这届大赛以"创意海洋"为主题，全国大中学生围绕海洋科学、海洋工程技术、海洋文化艺术、海洋旅游与生产生活等领域，选取某一理念、视角、要素或现象进行创意设计。

6. 第六届主题：智慧海洋

海洋是地球生命的摇篮，自古以来，人类就靠智慧与勇气不断地探索、认识与利用海洋，创造出灿烂的海洋文明。在现代信息社会，"智慧海洋"将深刻地影响人类社会的可持续发展空间。海，容纳百川，卑以自居，给人无垠的智慧启迪与创新力量。这届大赛以"智慧海洋"为主题，引导全国大中学生发挥自身的聪明才智，突出"海洋"与"信息技术"的深度融合，围绕海洋科学、海洋工程与装备、海洋大数据、海洋文化艺术、海洋旅游等与海相关的生产生活领域，选取某一理念、视角、要素或现象进行创意设计。

7. 第七届主题：透明海洋

21 世纪是海洋世纪，海洋是生命的摇篮、风雨的故乡，海洋是交通的要道、资源的宝库。党的十九大报告指出"坚持陆海统筹，加快建设海洋强国"，蓝色经济正成为新的经济增长点。"透明海洋"通过复杂的观测和数据预测系统实现海洋状态透明、过程透明、变化透明，可以让人们清晰透明地认识和利用海洋，建设"数字海洋"强国。这届大赛以"透明海洋"为主题，体现人类认识和探索海洋的最新理念。作品设计围绕以下五个方面展开：海洋文化与科技的融合、科技创新对海洋探索的驱动、蓝色经济对经济发展的贡献、海洋环境保护与海洋的可持续发展以及数字海洋建设。

8.第八届主题：生态海洋

生态文明，是工业文明之后的文明形态，以人与自然、人与人、人与社会和谐共生、良性循环、全面发展、持续繁荣为基本宗旨。建设生态文明是中华民族永续发展的千年大计、根本大计。"生态兴则文明兴，生态衰则文明衰"，生态海洋是生态文明建设的重要组成部分。这届大赛以"生态海洋"为主题，体现保护海洋生态、人与海洋和谐共生、"绿水青山就是金山银山"的最新理念。作品设计围绕以下五个方面展开：海洋生态现状、海洋生态保护、海洋生态建设、海洋可持续发展、人与海洋和谐共生。

9.第九届主题：资源海洋

海洋是人类的资源宝库，是陆地的延伸、主权的延展。海洋资源丰富，涵盖海洋生物、海洋能源、海洋矿产等资源。随着海洋科技的高速发展，我国对海洋资源的开发和利用已经向纵深挺进，拓展到南极与北极地区。这届大赛以"资源海洋"为主题，参赛者围绕开发利用和保护海洋资源、推动海洋生态文明建设展开创意设计，使海洋资源更好地服务于人类社会全面协调与可持续发展，助推中华民族伟大复兴梦的实现。

（二）"海洋大赛"总体情况

2012～2020年，"海洋大赛"大学组从首届至第九届参赛高校有1500余所，覆盖全国所有省份，参赛学生有专科生、本科生、研究生、博士生，另外还有部分国外高校的学生参赛；中学组从第二届至第九届参赛学校290余所，参赛学校包括职业技工学校、职业中学、普通中学。"海洋大赛"总体情况见表1。

表1 "海洋大赛"总体情况

举办年份	大赛界别	参赛学校(所)	征集作品(件)	分布地区
2012	第一届	123	2380	国内局部地区
2013	第二届	217	5980	国内大部分地区
2014	第三届	346	8315	国内大部分地区
2015	第四届	427	8478	国内全部地区

续表

举办年份	大赛届别	参赛学校(所)	征集作品(件)	分布地区
2016	第五届	580	14227	国内全部地区
2017	第六届	767	30680	国内全部地区以及部分国外地区
2018	第七届	838	35866	国内全部地区以及部分国外地区
2019	第八届	978	45190	国内全部地区以及部分国外地区
2020	第九届	990	61568	国内全部地区以及部分国外地区

（三）"海洋大赛"发展历程

1. "海洋大赛"起步阶段（2012~2015年）

"海洋大赛"的影响力和知名度从零开始逐渐积累。前四届"海洋大赛"的参赛作品逐年增加，从第一届的2380件逐步增加到第四届的8478件。从最初仅有两个月的仓促准备时间，到渐渐成为有固定周期的规律性活动，大赛的策划工作逐步走向成熟。

每一届"海洋大赛"结束后，组委会都会专门开会总结本届大赛中的亮点与不足，并及时对赛制进行调整与完善。第二届"海洋大赛"增加了中学组，正式更名为"全国大中学生海洋文化创意设计大赛"，自主开发网站作品上传系统，加强了评审工作的规范性，制定了"海洋大赛"作品评审办法。图1为第二届"海洋大赛"终审专家评审现场。"海洋大赛"起步阶段的奖金较少，金银铜奖起初仅为1500元、1000元、500元。第三届"海洋大赛"增设了全场大奖，并提升了奖金额度，一定程度上激发了参赛学生的积极性。第四届"海洋大赛"参与学校已覆盖全国所有省份，大赛的组织工作更加规范和完善。为杜绝作品抄袭现象，保证良好的参赛秩序，坚持公平、公正、公开的评审原则，本届大赛获奖作品（金、银、铜、优秀奖）对外公示，对反映确有抄袭行为的作品取消其获奖资格。自第二届"海洋大赛"以来，组委会选出每届大赛的优秀获奖作品在全国的部分高校、展览馆举办巡回展览。

2. "海洋大赛"发展阶段（2016~2018年）

在这三年期间，"海洋大赛"进入蓬勃发展时期，规模和影响力不断扩

图1　第二届"海洋大赛"终审专家评审现场

大，社会知名度稳步提升。"海洋大赛"形成了稳定高效的运行模式，以及基本完备的参赛机制和评审制度，在参赛高校、协办方和赞助方的积极配合下，已然成为具有一定影响力的全国性大中学生设计赛事。

第五届"海洋大赛"参赛作品破万件，为了更加公平公正地进行"海洋大赛"的评审活动，大赛组委会采用"初评＋终评"的评选模式。经国家海洋局宣传教育中心、中国海洋大学、国家海洋局北海分局协商，就大赛事宜达成协议。自第五届起，"海洋大赛"由国家海洋局宣传教育中心、中国海洋大学和国家海洋局北海分局联合举办，中国海洋大学管理学院承办。第五届"海洋大赛"结束后，成立了"中国海洋文化创意发展中心"，中心的成立为"海洋大赛"的可持续发展奠定了基础。

第六届"海洋大赛"得到了中国海油公益基金会的赞助，海洋大赛的经费得到了保障，"海洋大赛"的奖金额度也得到了提高。同时，中国海油公益基金会成为大赛的协办方。

"海洋大赛"逐渐得到了社会各界的关注与支持，其颁奖典礼也由各地政府积极引进到当地承办。2016 年 9 月 21～24 日，由舟山市人民政府承办的第五届"海洋大赛"颁奖典礼暨作品展览在浙江舟山群岛隆重举行。国家海洋局宣传教育中心、舟山市、中国海洋大学、国家海洋局北海分局、浙

江海洋大学的相关领导以及大赛评审专家、获奖师生代表 100 人出席了活动。本次颁奖典礼暨作品展览也是 2016 国际海岛旅游大会活动内容之一。组委会加大了"海洋大赛"第二轮获奖作品巡展工作的力度，并邀请相关专家进行宣讲，为各学校与专家的交流搭建了平台。2017 年 10 月 14 日，上海市奉贤区人民政府举办第六届"海洋大赛"获奖作品颁奖典礼。2018 年 9 月 20 日，第七届"海洋大赛"的颁奖典礼依然由上海市奉贤区人民政府承办。该届"海洋大赛"的巡展先后在舟山市大剧院、浙江海洋大学、周口师范学院、海南热带海洋学院进行。

为了做好"海洋大赛"在东北地区高校的组织征集工作，大赛组委会设立"东北地区联络处"的揭牌仪式于 2018 年 4 月 2 日在大连艺术学院举行。大连艺术学院艺术设计学院院长陈士斌教授和"海洋大赛"组委会秘书长吴春晖教授共同为"东北地区联络处"揭牌。此外，还在西北师范大学、岭南师范学院、海南热带海洋学院、山东工艺美术学院等高校设立了联络处。

3. "海洋大赛"提升阶段（2019～2020 年）

自第八届"海洋大赛"起，参赛作品突破 4 万件。在新的历史时期，大赛力求提升核心竞争力，丰富与深化内涵，继续保持良好的发展模式，提高社会责任感，努力成为在全球有影响力的以海洋文化创意为核心的大型公益设计赛事。中国海洋发展基金会于 2019 年赞助"海洋大赛"，并作为协办方进入"海洋大赛"组织工作当中。"海洋大赛"的宣传和作品推荐方式更加多样化，运用新媒体、自媒体、网络媒体等平台与交互方式，加大了在国内高校间的交流互动和宣讲力度。在"海洋大赛"的作品类别中加入营销策划案，非艺术专业学生也可以更好地参与进来。

第八届"海洋大赛"共有 978 所学校组织参赛，共征集作品 45190 件，参赛学校覆盖全国所有省份（含港、澳、台），另外韩国、日本等国家也有作品参赛。经过初审专家两天的紧张评审工作，共评出入围奖作品 4527 件，其中：大学组 4342 件，中学组 185 件，入选作品占全部参赛作品的 10% 左右。本届"海洋大赛"的参赛数量及作品质量均比前几届大赛有大幅度的增加和提高。第八届"海洋大赛"参赛作品前十位的省份为：山东 5553

件，广东 4823 件，江苏 4289 件，湖北 3998 件，福建 3877 件，广西 3340
件，四川 3056 件，河北 3019 件，辽宁 2960 件，河南 2958 件。

第九届"海洋大赛"征稿于 2020 年 1 月底启动，原计划从 3 月开始在
国内一些高校进行大赛宣讲及历届大赛获奖作品巡回展览等活动，由于受到
新冠肺炎疫情的影响取消了相关推广活动。

在疫情期间，"海洋大赛"秘书处的老师们克服各种困难，利用"海洋
大赛"网站、微信、QQ 等平台并通过线上宣讲交流等方式推广"海洋大
赛"。2020 年 4 月底至 6 月，"海洋大赛"秘书长吴春晖教授先后在线上举
行 35 场宣讲活动（见图 2），直接参与宣讲直播活动的高校 120 余所，参与
师生 16000 余人，覆盖东北、华北、华东、华中、华南、西南、西北等地区。
第九届"海洋大赛"作品的征集得到了诸多高校和老师的大力支持和帮助，
很多高校的设计专业课程都把第九届"海洋大赛"命题纳入课堂作业，以赛
促学，以赛促教，专业设计实践活动开展得有声有色，效果十分显著。

图2 "海洋大赛"线上宣讲活动

第九届"海洋大赛"作品征集于 2020 年 7 月 16 日圆满收官。本届
"海洋大赛"共征集作品 61568 件，共有 990 所学校组织参赛，覆盖全国所
有省份（含港、澳、台）。第九届"海洋大赛"参赛作品前十位的省份为：
山东 6318 件，广东 6012 件，江苏 4693 件，河北 4370 件，广西 4249 件，
四川 4027 件，河南 3973 件，福建 3698 件，湖北 3536 件，辽宁 3154 件。

第九届"海洋大赛"作品初审工作会于7月16日晚在腾讯会议召开，由于本届"海洋大赛"参赛作品数量增加，初评工作又在线上进行，给组织工作增加了难度和困难。7月17日至21日，经过18位初审专家的辛勤工作，共评审出佳作奖（入围奖）5483件，其中：①大学组：平面设计类3628件（海报2254件、包装693件、品牌681件）、产品设计类770件、景观设计类744件、媒体动漫类153件、营销策划案30件；②中学组：平面设计类153件、媒体动漫类5件。

第九届"海洋大赛"作品终审工作会（见图3）于7月26日晚在腾讯会议召开，7月27日至31日，经过14位终审专家的辛勤劳动，共评审出获奖作品460件，获奖比例占入围作品的8%。其中：①大学组：金奖8件、银奖21件、铜奖50件、优秀奖341件；②中学组：银奖2件、铜奖6件、优秀奖32件。另外，组委会还评出120所学校授予组织奖，89名指导教师授予指导奖。另外，《资源海洋：全国大中学生第九届海洋文化创意设计大赛优秀作品集》已由中国海洋大学出版社出版。由北部湾大学承办的第九届"海洋大赛"获奖作品颁奖典礼暨2020（广西）创意设计论坛于10月24日在钦州市隆重举行。

图3　第九届"海洋大赛"作品终审工作会线上举行

三　海洋大赛的影响力与传承发展

（一）"海洋大赛"的影响力

随着"海洋大赛"的举办，其影响力越来越大。2014年8月，"海洋大赛"项目被山东省教育厅评选为"山东省高校校园文化建设成果评比一等奖",荣获中国海洋大学首届创新创业教育"突出贡献奖",获上海市奉贤区"东方美谷艺术节"突出贡献奖、中国海洋文化浪花奖。由于"海洋大赛"项目策划突出,吴春晖教授获 2013 年度中国广告优秀策划人,被评为2018 中国十大海洋人物候选人之一,并受邀参加 2020 年全国海洋日抖音公益短视频宣传活动,为"海洋大赛"做代言。

"海洋大赛"得到青岛市有关领导的关注。2014 年 5 月,青岛市委书记李群参加在中国海洋大学召开的青岛市科学技术表彰大会,观看了"海洋大赛"作品并给予了赞赏。青岛科技局的领导对"海洋大赛"产品造型类作品特别感兴趣,与作品的作者联系版权使用事宜。青岛市政协有关领导2014 年 5 月中旬专门来中国海洋大学参观"海洋大赛"作品展览,对"海洋大赛"的成功举办给予了高度的评价,并且推荐青岛文化产业相关企业与大赛组委会进行合作。

青岛市政协在给青岛市委市政府《关于加快青岛市文化创意产业发展的建议案》中,在实施"创意青岛"计划中,把"海洋大赛"列入其中,为"创意青岛"积聚创意灵感,发现创意人才。

2014 年 6 月,国家海洋局应美国驻华大使馆邀请,征集"海洋大赛"作品 100 余幅,在美国华盛顿召开的"世界海洋大会"期间进行展览,该展览受到了国际海洋组织及各国与会官员的一致好评和称赞。

2017 年 6 月 5 日下午,时任中共中央政治局委员、国务院副总理刘延东来到中国海洋大学视察指导工作,其间参观了历届"海洋大赛"获奖作品展览,大赛组委会秘书长吴春晖教授汇报了"海洋大赛"的举办情况。刘延东副总理认真观看了同学们的海洋文化创意作品,并不时驻足细观、询问获奖作品的寓意,最后她对学生们能用艺术创意的形式来深度认识海洋给予了充分的肯定,同时勉励同学们要珍惜青春,勇于创新,用创意来诠释美丽的海洋。

2018 年 6 月 1 日,来自柬埔寨、埃塞俄比亚、乌克兰等 14 个国家的 61名官员和技术专家来到泉州师范学院参观了"海洋大赛"获奖作品巡回展览。各国海洋相关部门的官员对"海洋大赛"的优秀作品给予了高度的评

131

价。同年 6 月，在上合组织领导人峰会期间，巴基斯坦驻华大使哈立德到中国海洋大学访问，参观了"海洋大赛"获奖作品展览，见图 4。

图 4　巴基斯坦驻华大使哈立德参观"海洋大赛"获奖作品展览

（二）"海洋大赛"作品的其他获奖情况

"海洋大赛"作品在继续参与其他评奖活动时也获得了不少好评。

2013 年，由大赛组委会推荐的"海洋大赛"作品参加"第九届澳门设计双年展"比赛，有 27 件作品入选，大学组总共入围作品 250 件。

2014 年第三届"海洋大赛"作品有 2 件入选第十二届全国美术作品展览暨中国美术奖·创作奖获奖提名作品展；1 件参赛作品入选墨西哥国际海报双年展；多件作品分别在"丝路精神"首届西部国际设计双年展、第七届"未来之星"全国大学生视觉设计大赛、首届中国国际大学生设计双年展、白金创意全国大学生平面设计大赛中获得奖项。

2015 年，台湾学生赖冠宇的"海洋大赛"获奖作品《共生》，入选 2015 年意大利国际海报双年展，并获得 2016 年德国红点设计奖（海报类）。

为了做好全国各地举办 2019 年世界海洋日暨全国海洋宣传日宣传活动，自然资源部网站首次对外发布 2019 年世界海洋日暨全国海洋宣传日官方海报 2 幅，在海洋日活动期间在全国范围内张贴宣传使用，海洋宣传日海报设计选自第五届"海洋大赛"获奖作品。

（三）"海洋大赛"获奖作品出版情况

"海洋大赛"优秀作品由吴春晖等编著，分别以《海洋·人类·和谐》、《美丽海洋》、《海洋强国梦》、《丝路海洋》、《创意海洋》、《智慧海洋》、《透明海洋》、《生态海洋》和《资源海洋》为主书名，由中国海洋大学出版社出版（见图 5），使"海洋大赛"作品实现了传承。

另外，"海洋大赛"历届获奖作品分别连续在《包装与设计》《中国广告》《工业设计》《家具与室内装饰》等专业期刊转载发表，这表明"海洋大赛"获奖作品具有较高的水平。自然资源部网站、凤凰网、中国网、华禹教育网、中国海洋文化在线、百度文库、设计中国、设计在线、中国大学生在线等网络媒体也对"海洋大赛"活动及作品进行了报道和信息转载。

图 5　"海洋大赛"优秀作品结集出版的图书

（四）"海洋大赛"巡回展览与宣讲交流

为了更好地宣传"海洋大赛"，组委会在历届"海洋大赛"获奖作品中选出一部分，先后分别在全国 120 余所高校（展览馆）举办巡回展（图 6 为海南站展览），受到各高校和社会公众的好评。"海洋大赛"获奖作品巡

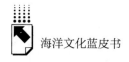

回展直观地向大学生普及海洋相关专业知识，增强当代大学生的海洋意识，通过优秀的设计作品激发大学生对于海洋文化的创意灵感，不仅培养他们的创新精神和实践能力，而且也是对"海洋大赛"自身的一种很好的宣传形式。同时，这种社会活动也能够在一定程度上增强全民的海洋意识，为营造全社会关注海洋、热爱海洋、保护海洋的良好氛围打下良好的基础，为我国的海洋强国建设注入强大的精神动力。

图6　"海洋大赛"获奖作品巡回展海南站

　　为了使"海洋大赛"实现可持续发展，组委会秘书处近年来采用"请进来"和"走出去"等方式，先后在全国16个省40余个城市80余所高校进行以"创意蓝色梦想"为主题的"海洋大赛"宣传讲座和交流活动，受到各高校及师生的普遍欢迎。图7为"创意蓝色梦想"喀什大学宣讲师生合影。

图7　"创意蓝色梦想"喀什大学宣讲师生合影

　　"海洋大赛"还注重在国内少数民族和港澳台地区的宣传与普及工作，在第九届"海洋大赛"征集的作品中，贵州参赛作品640件、云南参赛作品 295 件、西藏参赛作品 53 件、甘肃参赛作品 278 件、青海参赛作品 110 件、宁夏参赛作品 137 件、新疆参赛作品 920 件、香港参赛作品 19 件、澳门参赛作品 106 件、台湾参赛作品 195 件。

巡回展览和宣讲交流活动的进行，对促进人们树立海洋意识、拓展"海洋大赛"的影响具有不可替代的作用。赛事活动是一个小平台，海洋教育是一项大事业，在多方努力下，"海洋大赛"事业一定能发展得越来越好。

四 "海洋大赛"的成功经验

（一）"海洋大赛"搭建了公益赛事平台

公益性是"海洋大赛"的特色之一，这大大调动了参赛者的积极性。通常情况下，全国性的各种设计大赛是收取报名费和评审费的，但"海洋大赛"的全过程不收取参赛学生任何费用。为鼓励学校和学生积极参赛，奖励的数额和获奖的比例也较大，如分别奖励金、银、铜奖作品的作者 5000 元、3000 元和 1000 元的奖金，并赠送"大赛获奖作品集"。这种物质与精神的双重鼓励，不仅调动了学生参赛的积极性，而且使参赛者在没有经济压力的情况下自由地进行创作，促进其健康发展。

（二）主办方与协办方积极支持参与

2012 年 6 月，"海洋大赛"由中国海洋大学发起，经国家海洋局宣传教育中心和中国海洋大学协商共同举办，由中国海洋大学管理学院承办。

2016 年 6 月，经国家海洋局宣传教育中心、中国海洋大学、国家海洋局北海分局协商，就大赛事宜达成协议，自第五届起，"海洋大赛"由国家海洋局宣传教育中心、中国海洋大学和国家海洋局北海分局联合举办，中国海洋大学海洋文化创意设计发展中心承办。

2017 年 3 月 7 日，中国海油公益基金会向中国海洋大学捐款 20 万元，用于支持第六届"海洋大赛"，并作为"海洋大赛"协办方加入组委会工作

中。2017 年 5 月 28 日上午，在中国海洋大学图书馆会议室举行了关于共建"海洋文化创意设计发展中心"合作协议签字仪式，国家海洋局宣传教育中心、中国海洋大学、国家海洋局北海分局代表三方签字。

2018 年第七届"海洋大赛"，上海市奉贤区人民政府作为承办方加入组委会，出资 100 万元，承办第六、第七届"海洋大赛"颁奖典礼暨创意设计论坛，"海洋大赛"获奖作品展览等活动；中国海油公益基金会向中国海洋大学捐款 20 万元，用于支持第七届"海洋大赛"；青岛东方时尚中心、青岛梦想汇帆船游艇俱乐部管理有限公司各赞助 10 万元，支持第七届"海洋大赛"。

2019 年第八届"海洋大赛"，自然资源部宣传教育中心、中国海洋大学、自然资源部北海局共同作为大赛主办方，协办单位包括中国海油公益基金会（捐款 30 万元）、中国海洋发展基金会（捐款 15 万元）；海南热带海洋学院出资支持在三亚举办第八届"海洋大赛"获奖作品颁奖典礼（见图 8）暨 2019 创意设计（三亚）论坛等相应的活动。

图 8　第八届"海洋大赛"获奖作品颁奖典礼现场

2020 年第九届"海洋大赛"，中国海洋发展基金会向中国海洋大学捐款 25 万元，并作为"海洋大赛"主办方加入组委会。中国海油公益基金会作为协办方，继续捐款 30 万元支持第九届"海洋大赛"。北部湾大学申请在 2020 年 10 月中下旬在钦州市举办第九届"海洋大赛"获奖作品颁奖典礼暨 2020 创意设计（广西）论坛等活动。这些资助为"海洋大赛"的顺利举办奠定了基础。

（三）具备强大的评审专家团队与专业、公平的评审流程

"海洋大赛"要想办成国内一流的设计大赛，必须有国内相关领域一流的评审专家。组委会秘书处在办赛初期就制定了作品评审细则，成立了专业的评审委员会，并建立了国内一流的评审专家库。在"海洋大赛"组织工作和评审工作中，组委会严格按照专业化的流程开展工作，先后聘请清华大学美术学院何洁教授、西安美术学院郭线庐教授、南京艺术学院何晓佑教授、山东工艺美术学院苗登宇教授分别担任评审委员会主任，评审委员会由来自清华大学、南京艺术学院、中国艺术研究院、同济大学、中央美术学院、西安美术学院、鲁迅美术学院、天津美术学院、湖北美术学院、武汉理工大学、中国海洋大学、山东工艺美术学院等高校及香港设计师协会的30余位知名专家组成，这些专家在业内都非常有影响力。受邀专家的专业水平和业内威望，提升了"海洋大赛"的影响力和权威性。图9为第八届"海洋大赛"终审专家合影。

图9 第八届"海洋大赛"终审专家合影

为了杜绝抄袭现象，"海洋大赛"坚持公平、公正、公开的评审原则。历届"海洋大赛"获奖作品都要经过15天网上公示，作品被举报存在问题的，经过评审专家审查核实，取消其获奖资格。每届"海洋大赛"都有作品因为存在各种各样的问题而被取消获奖资格。对"海洋大赛"获奖作品的公示，净化了"海洋大赛"参赛环境，营造了公平竞争的氛围，有利于大赛的健康发展。

（四）实现了以赛促学、以赛促教

"海洋大赛"参赛类别有平面设计、产品设计、景观设计、媒体动漫、营销策划等，涵盖设计、传媒、管理等学科范围，是一个综合性的赛事活动，学生们的参与性比较广泛。

"海洋大赛"得到了诸多高校和老师的大力支持与帮助，很多高校的设计专业课程都把"海洋大赛"命题纳入课堂作业中，以赛促学，以赛促教，在专业设计实践环节开展得有声有色，效果十分显著。"海洋大赛"的各项成果在国内部分高校在保送研究生、评定奖学金、出国留学、创新实践学分等方面得到广泛认可。

（五）网络大数据助力"海洋大赛"

由于"海洋大赛"参赛学校和作品逐年递增，为了减轻秘书处的工作强度，在第二届"海洋大赛"结束后，吴春晖教授率领中国海洋大学管理学院市场营销专业学生罗嘉毅、田胜辉、未伟等一起开始自主设计编程开发网上注册、提交系统。经过半年的不懈努力，该程序于2013年4月开始使用，经过不断的完善和升级，作品上传系统使用方便、性能稳定，作品上传后自动生成编号，具有可操作性和实用性，缓解了人员不足的难题，减少了作品人工录入和统计等烦琐工作，提高了作品统计信息的准确性，提高了"海洋大赛"的组织管理效率，为"海洋大赛"的组织工作顺利进行和成功举办提供了可靠的基础性保证。另外，组委会还利用百度统计检测"海洋大赛"网站浏览量来预测参赛地区和参赛作品数量，利用"海洋大赛"网站、微信、QQ、自媒体等平台来宣传推广"海洋大赛"。

（六）相关媒体关注报道"海洋大赛"

自然资源部网站、凤凰网、中国网、华禹教育网、中国海洋文化在线、百度文库、设计中国、设计在线、中国大学生在线等媒体对"海洋大赛"相关信息给予报道和转载。"海洋大赛"网站在2019年1月至2020年7月期间浏览率达到 500 余万次，受到美国、俄罗斯、日本、韩国、加拿大等国家相关人士的关注。

五　未来发展与展望

经过九年的精心打造，"海洋大赛"已成为全球唯一以海洋文化为主题的公益赛事。为了更好地组织和开展后续活动，提升"海洋大赛"的质量和创新程度，"海洋大赛"将在以下几方面继续发展。

（一）建立更多的相关保障机制

"海洋大赛"已经常态化举办，建议主办方对秘书处办公空间、相关配套设施给予保障，同时确保有固定的专业工作人员，对秘书处专业工作人员的工作按一定数量纳入单位绩效工作考核，从而为"海洋大赛"的可持续性减少后顾之忧。"海洋大赛"网站作品上传系统应委托学校或者专业网络机构维护升级，避免因各种原因网站无人维护等现象。

为更好地开展"海洋大赛"和海洋文化创意设计教育工作，打造普及海洋知识、宣传海洋文化、强化海洋意识的平台，建议由组委会牵头成立全国涉海高校艺术设计联盟。

联盟初步拟定的建设目标：创立一个优势和特色突出、在海洋文化领域具有领先地位和重要影响力的海洋文化创意机构，成为跨院校、跨行业的海洋文化创意设计平台。联盟共同组织"海洋大赛"等海洋文化活动，开展海洋文化创意设计教育，推动海洋文化创意设计研究。

建议自然资源部宣传教育中心、中国海油公益基金会、中国海洋发展基金会等有关部门把关于海洋日宣传，海洋经贸、环保、科普等的年度相关活动布置在"海洋大赛"命题中，使"海洋大赛"参赛作品更具有实际应用价值。

为了更好地举办"海洋大赛"，提升参赛学校指导教师对海洋大赛及海

洋文化的理解和认识，建议举办海洋科学文化与创意设计培训班，开展在"海洋大赛"中的获奖同学参加的海洋文化创意设计夏令营。

（二）设置更丰富的内容

未来，"海洋大赛"可以进一步突出"海洋文化"的内涵，丰富参赛设计作品的表现形式。主题应紧贴时代脉搏，紧扣国家、社会和人的需要，还可以从环境防治、文明利用、经济交往、战略安全、包容共享、海洋科技、和谐发展等多方面来设计内容，使之常办常新，越办越好。每年应尽早确定"海洋大赛"主题，以便组织者和参赛者及早策划，保证大赛的作品征集时间。从细节上完善"海洋大赛"的组织工作程序，建议"海洋大赛"增加专业组比赛，提高"海洋大赛"的作品质量。加大"海洋大赛"获奖作品在全国各高校及社会的巡回展览力度，并继续编辑出版获奖作品集。

（三）举办更多样的相关活动

为进一步扩大海洋文化传播，提升全民海洋意识，建议组委会进一步拓宽宣传渠道，丰富比赛形式，如海洋知识竞赛、海洋生态文明建设大赛、科技进步与海洋发展大赛等，以获得更多师生的认可和参与，扩大"海洋大赛"规模和影响力。

"海洋大赛"获奖作品展已经先后在全国（含台湾）120余所高校及各类展览会上展出，受到各高校师生的欢迎，巡展的影响力远远大于比赛。建议加大"海洋大赛"作品巡展的力度，在国内外举办多场规模大且有影响力的历届"海洋大赛"获奖作品巡回展览。

（四）更新专家库和提升作品质量

"海洋大赛"组委会十分重视评审专家库的建设和更新，初审专家和终审专家均是老中青相结合，而且在行业内的专业影响力都具有广泛代表性。专家们的鼎力相助提高了"海洋大赛"评审的专业性和权威性。

"海洋大赛"在公益大赛的普及参与基础上，注重掌控"海洋大赛"的核心命题和作品质量的提升。"海洋大赛"在作品入围奖的评审过程中，分为两个层次：质量好的作品推荐到大赛终审评比环节，这样可以保证大赛终审作品的质量；质量欠佳的作品授予入围奖，以此对低年级和参赛经验不足的同学给予鼓励。

另外，为了鼓励各院校对"海洋大赛"的参与热情，提高社会各界对大赛的关注度，提升"海洋大赛"的作品质量，大赛组委会先后以"海洋大赛"为平台，开展以"透明海洋""生态海洋""资源海洋"为主题的海报邀请展，对全国高校教师及全社会设计人员发出邀请，让他们和同学们一起共聚海洋设计盛事，为建设海洋强国、为"海洋大赛"的可持续发展助一臂之力。

（五）与海洋文创产品相结合

为了能把"海洋大赛"获奖作品转化开发成为海洋文化创意衍生产品（见图10），秘书处在上海奉贤区相关部门和企业的配合支持下，尝试利用"海洋大赛"优秀作品元素设计了运动鞋、文化衫、泳装、丝巾、抱枕等产品，受到各方的关注和好评，为未来利用"海洋大赛"作品设计相关文创衍生产品奠定了良好的基础。

图10 "海洋大赛"作品转化的文创产品

建议"海洋大赛"各组织方将资源推荐给有关文创企业，联手设计开发"海洋大赛"创意衍生产品，把优秀"海洋大赛"作品转化成海洋文化创意产品投放市场，为大学生创业奠定基础。

B.8
"年度海洋人物"十年评选分析报告

张 艳*

摘 要: 2009年,国家海洋局联合有关单位开展了新中国成立60年海洋事业十大杰出人物评选,作为对新中国成立60周年的献礼。此后十年间,每年均开展"年度海洋人物"评选,以体现国家对现代海洋意识和价值观培养的引导。十年"年度海洋人物"星光璀璨,共有93名(组)海洋事业的杰出人物、优秀代表被评选出来。本文分析了"年度海洋人物"十年评选概况;评选的特点,包括获奖人覆盖面逐渐拓宽、评选规则日趋完善、活动影响力稳步提升;以及评选产生的影响,包括榜样力量影响巨大、记录海洋事业发展历程、弘扬新时代海洋精神。

关键词: 海洋人物 海洋意识 海洋精神

一 "年度海洋人物"十年评选概况

2008年,国家海洋局联合国家有关部门开始举办"全国海洋宣传日"活动。2008年12月,第63届联合国大会通过决议,决定自2009年起将每年的6月8日定为"世界海洋日"。自2010年起,我国海洋宣传日与世界海洋日合并为"世界海洋日暨全国海洋宣传日"(以下简称"海洋日"),于每年的6

---

* 张艳,自然资源部宣传教育中心文化传播部。

月 8 日举办。2020 年 6 月 8 日，第十二个"世界海洋日"暨第十三个"全国海洋宣传日"活动成功举办，海洋日已成为一个宣传我国海洋事业发展、弘扬海洋精神、传播海洋文化、普及海洋知识、提升民族海洋意识的重要平台。

2009 年，正值新中国成立 60 周年，国家海洋局联合有关单位评选出新中国成立 60 年来为海洋事业做出过重要贡献的十大杰出人物，取得良好的社会反响。为进一步提升海洋的公众影响力，增强全民族海洋意识，自 2010 年始，国家海洋局联合有关媒体，启动了"年度海洋人物"评选活动，至 2019 年已连续开展十届，成为宣传海洋工作的一张重要"名片"，"年度海洋人物"颁奖仪式也成为每年海洋日主场活动的重要环节和一大特色。

"年度海洋人物"评选由国家海洋日活动组委会主办，由海洋日活动组委会办公室、中国海洋报社、中国互联网新闻中心（中国网）等单位联合承办。每年通过网络评选、评委会初评和评审会终评等程序，最终评选出 10 名（组）"年度海洋人物"并报国家海洋局审定。从 2010 年至 2019 年，十年间共评选出 93 名（组）"年度海洋人物"。他们是我国海洋事业发展进程中涌现出的英雄人物、先锋模范和优秀代表，其中有为我国海洋科研教育事业贡献一生的科学家，也有忠于职守、献身海洋的英雄模范；有带领团队攻坚克难创下第一的技术精英，也有在平凡岗位上默默奉献的基层工作者。他们用爱国敬业、无私奉献、艰苦奋斗完美诠释了榜样精神。在他们身上，我们看到了平凡中的伟大；在他们身上，我们也看到了我国海洋事业大步向前的光辉历程。

每年评选出的"年度海洋人物"结果，都会作为最重要的环节在当年海洋日主场活动的当天揭晓并举行颁奖仪式，这已经成为每年海洋日活动的一个传统，也是当天活动中最亮眼的一个环节。隆重的颁奖仪式，不但是对评选出的"年度海洋人物"给予的最高荣誉的褒奖，也是对他们所代表的海洋精神给予的最隆重的礼赞和弘扬。

二 "年度海洋人物"评选几大特点

"年度海洋人物"评选活动迄今已举办了十年，在各方的支持和努力

下，评选工作一年比一年办得好，候选人覆盖面越来越大，评选规则不断修订完善，活动影响力逐年稳步提升，赢得了社会公众的广泛关注和认可。十年坚持，"年度海洋人物"评选已成为宣传我国海洋事业、传承海洋精神的一块金字招牌，其评选过程体现出以下几个特点。

（一）获奖人覆盖面逐渐拓宽

每年"年度海洋人物"评选活动启动后，主办方广泛动员涉海各部委、海军、国有企业、全国海洋主管部门、事业单位、科研机构、社会团体、涉海院校等，积极邀请有关单位推荐符合条件的候选人。承办媒体向社会发布活动宣传信息和候选人征集信息。十年下来，"年度海洋人物"评选活动的覆盖面不断拓宽，候选人覆盖范围越来越广泛，从实习舰长到地质总工程师，从学术泰斗到灯塔守护人，从海洋科研专家到"草根"环保人士，几乎涵盖了海军、海事、海洋经济、海洋科研、海洋航运、生态保护、海洋渔业、海洋教育、公益组织、新闻传播、文化艺术等方方面面，具有较强的行业代表性。

在"年度海洋人物"评选过程中，对获奖人的年龄、地域也予以充分考虑，最大限度体现其广泛代表性。从获奖人的年龄结构看，既有风华正茂的高二学生，也有白发苍苍的耄耋院士，充分展现了老中青三代海洋人的风采，完美诠释了对海洋精神的弘扬与传承。同时，获奖人并非仅仅来自沿海地区，而是有不少来自内陆地区，充分印证了评选活动的全国影响力。

"年度海洋人物"十年评选还体现了一个顺应发展潮流、与时俱进的过程。2011年，海洋公益环保人士首次入选"年度海洋人物"，体现了评选活动对公益组织的重视与肯定；2015年，国际海洋学院名誉主席奥尼·贝南入选"年度海洋人物"，成为首位入选的国际海洋人物，不但为评选活动增加了国际元素，丰富了海洋日活动的内涵，也充分体现了海洋人物评选活动全球化、大视野的工作理念；2019年，在国务院机构改革和职能调整的大背景下，"年度海洋人物"评选的推选范围也做出相应调整，更加聚焦自然资源领域的重大变革，更加关注坚守海洋事业第一线、服务群众最前沿的新时代"海洋人物"。据统计，在当年所有候选人中，基层一线候选人比例高达85％，10名"年度海洋人物"中基层一线人员占比达60％，充分展现了基层一线海洋工作者的风采及新时代精神。

（二）评选规则日趋完善

"年度海洋人物"评选伊始，主办方就制定了《"年度海洋人物"评选办法》。十年评选过程中，为进一步规范评选流程和规则，在结合往届评选情况和评委意见的基础上，海洋日活动办公室多次对评选规则进行修订完善，如2018年初对《"年度海洋人物"评选办法》进行了修订，并拟定了《"年度海洋人物"评委终评会会议规则（试行）》；2019年，在往届活动基础上，进一步修订完善了推选办法、评审规则，以期充分体现公平、公正、公开的原则。

根据评选规则，评选过程主要包括网络投票、评委初评和评委会终评三个方面，最终产生"年度海洋人物"推荐人选名单，并报国家海洋局审定。

候选人征集。由海洋日组委会办公室向海洋系统内、涉海各部委、海军、涉海央企、省级自然资源（海洋）主管部门、涉海科研机构、涉海高校以及海洋意识教育基地等数百家单位发函征集候选人，同时委托第三方媒体在网络上广泛发布候选人征集公告，接受公众报名。

评委组成。评委会人数为20～30人，具体人数根据当年评选情况酌情调整。评委会成员主要包括海洋日活动组委会成员单位评委、媒体评委、社会知名人士、有关专家以及往届"海洋人物"获奖人等几大类人员，确保了评选活动的权威性和公平性。

评选过程。"年度海洋人物"评选分为初评和终评两个阶段。初评阶段分两条线进行：一条线是网络投票，另一条线是评委初评。网络投票由主办方委托第三方媒体，开通专题投票网页、微信投票平台及短信投票平台等，大力宣传候选人事迹，网友可通过网络投票参与初评；评委初评则是由评委投票选出得票靠前的候选人。综合网络投票和评委初评结果，名次靠前的20～30名候选人（注：候选人数根据当年评选情况进行相应的调整）进入

终评。终评阶段召开评委终审会议，通过对终评候选人进行认真评议和充分讨论，最终投票产生当年"年度海洋人物"的建议人选，并报国家海洋局审定。

（三）活动影响力稳步提升

"年度海洋人物"评选活动开展以来，其配套宣传活动可谓丰富多彩、精彩纷呈。每年在海洋日主场活动的"年度海洋人物"颁奖典礼、"年度海洋人物"事迹宣传视频、专题电视宣传节目、每年一册的《大海星空》海洋人物丛书等，配合每年海洋日宣传活动，多角度、全方位地对每位获奖人的事迹和精神进行大力宣传和弘扬。与此同时，主办方一直积极拓展公众参与渠道，近年来更是主动适应新媒体传播发展趋势开展宣传，使活动的公众关注度和参与度逐年稳步上升。例如，在2016年的评选过程中，除以往传统的网站投票方式外，首次开通了微信平台投票通道，公众参与投票更加便捷，短短20天内投票网页访问量就高达299余万人次，参与投票人次达83余万；2019年，投票专题网页在10天内访问量就达到478万人次，投票总数高达295万人次，创下了历届活动中最短时间内访问量最高、投票数最多的纪录，充分体现了"年度海洋人物"评选的社会号召力和吸引力。

三 "年度海洋人物"评选产生的影响

随着每年媒体的广泛宣传和品牌影响力的累积效应，"年度海洋人物"评选的影响力和知名度越来越高，极大地激发了全社会关心海洋、热爱海洋和保护海洋的热情，营造了人心向海的社会氛围，普及了海洋知识，有效提升了全民族的海洋意识。

（一）榜样力量影响巨大

榜样的力量是无穷的。榜样是旗帜，代表着方向；榜样是资源，凝聚着力量。他们能够鼓舞人心、催人奋进、使人进步。这也正是"年度海洋人物"评选的意义。

"海洋人物"中有的本身就是社会知名人士,具有较强的社会影响力和号召力,如国内知名一线演员、"2019年度海洋人物"黄渤,利用其强大的社会影响力,多次在社交平台分享海洋生态环境保护的相关内容,以明星效应带动社会公众对海洋的关注与保护;有的是为海洋科研教育事业奉献终身的泰斗级科学家,如中国工程院院士金翔龙,为国家海洋地质事业的发展、为培养强有力的后备军付出了60年的心血,他的学生遍布我国海洋系统的各个领域,成为国家海洋事业建设中的中流砥柱;[1] 有我国"核潜艇之父"黄旭华,隐姓埋名从事核潜艇研制工作30载,作为核潜艇总设计师,在方案论证、研究设计、施工建造等各个阶段取得重大突破,曾两次获得国家科学技术进步奖特等奖,其淡泊名利、只争朝夕、报效祖国的爱国精神激励了无数后来人。[2]

(二)记录海洋事业发展进程

"年度海洋人物"评选活动连续举办了十届,体现了较强的时代性。这些"年度海洋人物"既是我国海洋事业波澜壮阔发展进程的亲历者,同时也是见证者。

2018年5月28日,习近平总书记在中国科学院第十九次院士大会、中国工程院第十四次院士大会上的讲话中提到,"空间和海洋技术正在拓展人类生存发展新疆域""载人深潜……正在进入世界先进行列"。我们在梳理十年"海洋人物"时发现,载人深潜领域获评六次,次数居最,并于2009年、2010年、2011年、2012年连续四年入选。其中,有"蛟龙"号载人潜水器总设计师徐芑南,中国载人深潜海试团队、"蛟龙"号载人潜水器副总工程师崔维成,"蛟龙"号载人潜水器潜航员傅文韬等,这个期间正是我国载人深潜攻关任务最为吃劲的几年。2012年6月,"蛟龙"号在马里亚纳海

① 本书编委会编《大海星空:2013年度海洋人物》,海洋出版社,2015。
② 《大海记忆:新中国60年十大海洋人物、十大海洋事件》,海洋出版社,2012。

沟创造了下潜7062米的中国载人潜水器深潜纪录，同时也创下世界同类作业型潜水器最大下潜深度纪录。以上几位"海洋人物"，亲历和见证了我国载人深潜事业从无到有、由浅入深，从1000米级、3000米级、5000米级最终实现7000米级海试成功的每一个进程。

"年度海洋人物"中来自海洋科技领域的杰出代表也特别多，他们都是所在领域的领军人物，通过攻关创下多个第一，填补了国内技术空白。在他们身上，我们看到了我国海洋科技发展与创新的辉煌历程。中国海洋石油研究总院技术研发中心主任朱江，提出海上油气田区域开发理念，极大助力了海洋环境保护，上榜"2011年度海洋人物"；[①] "2017年度海洋人物"俞建成，被誉为"中国深海滑翔机第一人"，他带领团队打破国际技术封锁，使我国水下滑翔机技术从近乎空白到跻身国际前列，由他领军的"海翼号"系列深海滑翔机打破和创下多项纪录；[②] "2017年度海洋人物"叶建良是我国海域天然气水合物试采指挥部指挥长，带领团队突破重重障碍，攻克一个又一个技术难关，圆满完成首次试采工作，创造了产气时长和总量的世界纪录。[③]

以上，只是众多"年度海洋人物"的一个缩影，还有参加极地科考、危急时刻勇担国际救援任务的"雪龙号"考察船集体；见证中国海洋油气开发史的"海上铁人"邓明川；创立我国首个中学海洋教育课程体系的白刚勋；倡导海洋环保理念、让"蓝丝带"高高飘扬的边玉琴；多年坚持清洁海岸、宣传海洋环保的"草根"义工赵军友；等等。他们身上，折射出中国极地科考事业、海洋油气资源开发、海洋教育事业、海洋公益环保工作的艰辛历程与伟大成就。

（三）弘扬新时代海洋精神

一个民族的发展需要一种精神，一项事业的发展更需要一种精神。在

---

① 本书编委会编《大海星空：2011年度海洋人物》，海洋出版社，2013。
② 本书编委会编《大海星空：2016、2017年度海洋人物》，海洋出版社，2019。
③ 本书编委会编《大海星空：2016、2017年度海洋人物》，海洋出版社，2019。

"年度海洋人物"身上就凝练着新时代的海洋精神,那是爱海护海的家国情怀,更是建设海洋强国的使命担当。

习近平总书记说过,"我们要建设海洋强国,我一直有这样一个信念"。正是怀有这种信念,无数奋战在海洋事业第一线的海洋人,在孤独与寂寞的啃噬中数十年坚守,不言放弃。这种坚守,是一种信念的世代传承,更是一种精神的薪火相传。"2016年度海洋人物"叶氏五代灯塔人,在无边的大海上守护灯塔,为过往千帆点亮指路明灯,近百年来未曾让灯塔熄灭过一天。叶家人日复一日、年复一年干着平凡的小事,却在无意中书写了平凡中的伟大。① "2012年度海洋人物"王继才、王仕花夫妇,在不知名的开山岛上一守就是30多年。这对"小岛夫妻哨"把平凡的夫妻之爱融入卫国戍边的无疆大爱,用坚毅挺拔的身姿站成黄海深处的"钢铁第一哨"。② 2018年7月,王继才突发急病不幸逝世,但他用一生的坚守在开山岛上树起了一座精神丰碑。习近平总书记对王继才先进事迹做出重要指示,强调要大力倡导这种爱国奉献精神,使之成为新时代奋斗者的价值追求。

像叶氏家族、王氏夫妇这样在一线艰苦环境下坚守的例子还有很多,他们在各自人生平凡的岗位上数十年如一日,与寂寞做伴,与危险同行,用实际行动维护祖国海洋权益,实践建设海洋强国的蓝色梦想。

"2012年度海洋人物"黄祈泉,代表了海洋维权卫士的使命和荣光。他驾驶海监船执行东海定期维权巡航任务,在与外籍船只的对峙中沉着冷静,圆满完成了任务,维护了祖国的海洋权益;③ "2013年度海洋人物"海军北海舰队某潜艇基地官兵群体,肩上扛起了海洋强国建设的使命担当,作为我国第一支核潜艇部队,他们从一个个门外汉成长为驾驭核潜艇纵横大洋的精兵强将,为我国初步具备核威慑和核反击能力立下汗马功劳;④ "2016年度海洋人物"朱文泉,我国著名两栖作战专家,在从军区司令员岗位退休之

① 本书编委会编《大海星空:2016、2017年度海洋人物》,海洋出版社,2019。
② 本书编委会编《大海星空:2012年度海洋人物》,海洋出版社,2014。
③ 本书编委会编《大海星空:2012年度海洋人物》,海洋出版社,2014。
④ 本书编委会编《大海星空:2013年度海洋人物》,海洋出版社,2015。

后，年逾古稀的他依旧怀揣海洋强国梦想，写下了上百万字的《岛屿战争论》，被称为宣传海洋的"上将义工"；自称"地图迷"的南京三江学院教授许盘清，在历史地图学领域展开研究，为国家在国际领域的海洋维权行动振臂疾呼，其研究成果为维护我国海洋权益发挥了重要作用，获评"2016年度海洋人物"。①

十年"年度海洋人物"评选，勾勒出一个个鲜活的"海洋人物"形象。他们，就像一面面高扬的旗帜，鼓舞、激励着后来人投身于海洋强国建设的伟大实践；他们，树起一座座精神的丰碑，为海洋事业发展提供强大的精神动力和信念支撑；他们就像蔚蓝大海上闪耀的星光，用榜样的功业树起一座座精神丰碑，用榜样的力量激励后来人前赴后继，用榜样的光辉照亮进军深蓝的前进之路；他们，代表了新时代的海洋精神，甘于平凡、无私奉献，心中有梦想、脚下有力量，为建设海洋强国、实现中华民族伟大复兴的中国梦贡献着自己的力量。

---

① 本书编委会编《大海星空：2016、2017年度海洋人物》，海洋出版社，2019。

中国航海博物馆十年发展分析报告

武世刚 赵 莉*

摘 要: 中国航海博物馆(以下简称"中海博")从筹建到 2010 年 7 月正式开馆对社会公众全面开放,至今已经走过了十个年头。十年发展,中海博已经逐渐成为展示中国悠久航海历史与灿烂海洋文化、培养公众航海意识与航海精神、交流互鉴中外航海文明最重要的阵地和平台之一,成为我国最为重要和知名的航海类专题博物馆,成为最有代表性的行业博物馆之一。本文从陈列展览、文物典藏、学术研究、社教活动、服务保障、国际交流等多方面对中海博十年发展情况进行了回顾,并从行业博物馆的社会责任与可持续发展角度,分析博物馆在与国家共振、与社会同频中,寻找自身独特的作为空间,发挥文化中枢的积极作用。

关键词: 中国航海博物馆 海洋文化 航海意识 航海精神

引 言

中国航海博物馆从 2005 年纪念郑和下西洋 600 周年动议立项,经过五

---

* 武世刚,男,中国航海博物馆学术研究部主任,中国博物馆协会航海博物馆专业委员会秘书长,副研究馆员,主要研究领域:航海史、涉海文化遗产、博物馆学、历史人文地理等;赵莉,女,中国航海博物馆学术研究部副研究馆员,《航海博物资讯》主编,主要研究领域:航海文化、海员史、中外交流史、上海港史等。

年的艰苦筹建，于 2010 年 7 月 5 日全面建成开放。如今，中海博已经开馆运营十个年头，十年砥砺前行，中海博已经逐渐成为展示中国悠久航海历史与灿烂海洋文化、培养公众航海意识与航海精神、交流互鉴中外航海文明最重要的阵地和平台之一，成为我国最为重要和知名的航海类专题博物馆，成为最有代表性的行业博物馆之一。中海博的十年发展，伴随着我国海洋、交通、文化旅游、区域协同发展等国家方略的深层全面推进，十年来，国民经济全面发展，国家战略全面体现，文化更为繁荣发展，海洋发展更受重视，为中海博的发展提供了良好机遇。

一 中海博发展回顾

十年发展，中海博积极对接国家战略、服务上海建设、业务突破升级，在陈列展览、文物典藏、学术研究、社教活动、服务保障、国际交流等方面取得了长足的进步，在国内博物馆及港航业界的影响日渐显著。

（一）陈列展览

展览是博物馆的重要工作，是博物馆实现文化使命的手段与载体。中海博聚焦服务国家战略、满足观众需求、顺应文博发展趋势、对标精品标准、创新陈展理念、丰富展览模式，在展览规划、制度建设、交流合作等方面积极探索、推陈出新，通过展览讲述中国航海故事，传播中国航海声音。

开馆之初，中海博即精心筹备了基本陈列。室内展示面积 21000 平方米，室外展示面积 6000 平方米。展览内容以博物为基础，以航海为主线，辐射政治、经济、文化、军事、技术等多方面，形成了航海历史馆、船舶馆、航海与港口馆、海员馆、海事与海上安全馆、军事航海馆等六大展馆，渔船与捕鱼、航海体育与休闲两个专题展区，在世界大航海背景下，多角度、多方面展示中国航海事业的发展历程。

为了呈现更好的收藏与研究成果，结合形势发展需要，对博物馆的基本陈列进行更新改造，一直是博物馆的常规做法。十年来，针对基本陈列，中海博先后进行了区域性的优化升级，不断丰富展览内容，更新展览形式，给观众传递更为多元、更好体验的航海历史文化内涵。

中海博在对基本陈列优化升级的同时，逐步形成原创展、交流展两个系列的临时展览体系，十年来累计共主办各类临时展览 50 多个，尤其在港口与城市、海上丝绸之路、航海科技、上海国际航运中心等主题方面精雕细琢，推出高质量大展特展，屡创佳绩。

中海博以展览为纽带和依托，开馆以来，推动展览从区域走向全市，从上海走向全国、走向世界，不断扩大影响力、辐射力。中海博高度重视与国内外文博机构的交流合作，先后与英国格林尼治国家海事博物馆、荷兰鹿特丹海事博物馆、比利时安特卫普河边博物馆、上海博物馆、南京博物院、浙江省博物馆、福建博物院、中国（海南）南海博物馆、中国港口博物馆等 100 多家单位机构合作举办展览。

（二）文物典藏

藏品是博物馆的立馆之本。航海类藏品是人类航海的记忆物证，不仅反映了中外海洋文明交融的进程，也是中海博开展各项业务的基础，并贯穿于征集、保管、修复等工作中。

自筹建起，中海博定位了"前瞻性、系列化、高等级"征集标准，以研究为基础，聚焦航海内涵，拓展外延，在国际化视野下大力推进藏品征集工作。在筹建阶段奠定的扎实基础上，开馆十年以来藏品征集工作持续发力，截至目前，累计征集藏品 2 万余件/套。目前中海博已经形成较为完备的航海特色藏品体系，其中，航海仪器设备、海上丝绸之路、船舶模型、航海非遗、航海图纸等相关藏品颇具特色，以"明帆船木质升降舵""清同治九年金陵制造局双耳铜炮""北洋海军成军纪念金牌""牛庄灯船""招商局股票"等为代表的重要藏品被社会各界广为关注。

中海博藏品保管以保护藏品安全为基本原则，以支持馆内展览、宣教、研究等条线业务为中心，全力保障藏品征集入库、编目登账、动态管理、数据分析、藏品管理、藏品摄影、资料使用等基本职能。随着业务的发展，保

管工作针对航海类藏品特点，进行制度完善、空间优化、材料更新，逐渐朝着专业、规范、科学的保管方向迈进。

修复工作从零起步，中海博着力组建专业队伍，长期与国内各大文物修复单位保持良好的合作交流，通过调研、参会、培训、拜师等方式推进专业人才队伍建设。同时，深入分析航海类藏品特征，积极探索，精准定位，重点打造纸质、瓷器、铁器、木材四项优势保护修复类别。十年来，修复工作人员能力稳步提升，各项保护修复工作全面铺开。截至2019年底，累计完成200余件馆藏文物修复，2200余件馆藏品预防性保护，为文物保护修复奠定了坚实的基础。近年来，修复人员开始对外输出文物保护修复服务，提升了中海博在专业领域的影响力。

（三）学术研究

学术研究是博物馆发展的品质保障和持久动力。自开馆以来，中海博研究工作以"科研立馆"为指引，以提升博物馆业务内涵为目标，集学术性研究、普及性研究与服务性研究职责于一体，形成了航海文史研究、馆藏研究、会议论坛、编辑出版、课题管理、文献服务、讲座输送、平台建构等业务主体。中海博以航海研究和文献出版为基，以举办航海文史主题学术会议及文博讲坛为翼，辅以图书资源累积为助力，加强两大专委会与学术委员会的平台建设，努力建设成为中外航海历史文化的资源中心、交流中心和研究中心。

十年来，中海博以航海文史为观照，聚焦馆藏资源，定位中国古代航海技术、中国近现代航运、沉船外销瓷、航海文化遗产等研究方向，通过刊物编研、课题研究、图书出版、文章发表等工作深化研究，组织撰文并在《中国交通报》开辟专栏、发表馆藏研究文章近80篇，承接省部级课题项目，并开展"大明混一图""晚清航海纸质文献""外销瓷""牛庄灯船"等馆藏课题研究，编辑出版《新编中国海盗史》《海帆远影：中国古代航海知识读本》《图说中国航运文化地标》《航运江南：馆藏近代江南地区航运遗珍释读》《匠心问舟：第一届中式木帆船模型展评大赛集萃》等航海文史图书。

向内求索研究，向外开拓资源。中海博致力于建设成为中外航海历史与文化研究阵地、国内外航海类博物馆交流平台。十年间，累计成功举办8届大型国际学术研讨会、10场小型论坛、编辑出版馆刊《国家航海》24辑、举办航海文博讲座90余场，并接待到访国内外航海文史研究学者600余人。作为中国博物馆协会航海博物馆专业委员会、中国航海学会航海历史与文化研究专业委员会的主任委员单位，中海博积极谋划专委会建设，精心构建业务平台，探索馆际合作模式，推进馆际展览项目合作，在会员单位之间形成了一批合作项目，助力国内航海文博机构互通互赢，共同发展。

作为中海博特色研究机构，船模研制中心集船史研究、船模研制于一体，主要以中式传统舟船研究、船模保护研制及相应文化产品开发等为发展方向。自2016年成立以来，研究人员在中式木帆船田野调查与口述采访、太湖七扇子实船测绘、《中国古船录》编著、船模标准探索制定、中式木帆船模型展评大赛、古船模手工技艺的"非遗"传承以及实体、电子模型研制等方面取得了初步成果，为实现中国传统造船技艺的传承发展、创新研究奠定了坚实的基础。

（四）社教活动

教育是新时代博物馆参与社会、服务社会、满足公众学习需求、提升公众文化品位的重要途径，也是提升博物馆品牌影响力的抓手。中海博致力于教育品牌活动的开拓和提升，以多形式、多主题的活动为主干，多方位、多角度的合作项目为亮点，充分整合馆际、馆校、馆社资源，打造了深具"航海"特色的公众教育体系。

自开馆以来，中海博社会教育致力于教育活动开发及教育品牌建设，形成了"以多类型、多层次的讲解为基础，多形式、多主题的活动为主干，多方位、多角度的合作项目为亮点"的公众教育体系。同时，建立了由300多名来自不同领域、不同专业、不同年龄段的公益人士组成的志愿者团队，

为公众提供优质的教育服务。这些共同构成了中海博社会教育的整体框架和集合体系。

优质的教育实践离不开理论探索。中海博社会教育人员在实践中思考，在思考中探索，积极撰写论文，开展品牌活动策划、馆校合作、研学实践等课题研究。针对国内青少年航海科普读物匮乏的现状，教育人员持续开展科普图书的编写，目前已编辑出版了《舟楫致远——中国航海博物馆展品解读》、"小小航海家系列丛书"、"穿越时空的航海系列丛书"等，并与新蕾出版社（天津）有限公司主办的科普杂志《海底世界》长期合作，开设航海类科普专栏，累计发表科普文章30余篇。

中海博注重馆内资源整合及馆外资源合作，加强品牌化、系列化、精品化活动及项目建设，致力于搭建航海公益平台。每年打造"航海生活节"等品牌活动，通过跨界合作，为公众提供融互动展示、趣味体验、舞台表演、科普竞赛等形式于一体的航海文化大餐；连续多年成功举办上海市青少年建筑模型锦标赛、上海市航海模型公开赛等科普赛事，参赛人数年年递增，参赛项目推陈出新，成为青少年模型爱好者学习交流的重要平台。2017年成功申报并举办了2018年全国青少年航海模型锦标赛。

十年间，中海博连续多年在上海市科普教育基地年度考核中获A档，并先后成为"全国科普教育基地""上海市爱国主义教育基地""上海市志愿者服务基地""上海市民终身学习科普教育体验基地学习体验站"，教育部首批"全国中小学生研学实践教育基地"等。近年来，中海博作为发起方之一，参与组建了"长三角科普场馆联盟""长三角博物馆教育联盟""上海博物馆教育联盟"等合作组织，以期在更高更广的平台上，向公众普及航海知识，传播航海文化。

（五）服务保障

中海博秉承管理精细化、定位精准化、服务人性化的标准，立足服务本质，注重服务保障，全方位展现文化软实力，满足群众日益增长的文化需求。公众不仅是博物馆的服务对象，更是博物馆的生命所系、价值所依。公众服务水平是衡量博物馆实现社会价值的重要标准之一。

十年来，中海博创新思路举措，深入挖掘市场潜力，积极运用新媒体、新技术手段形成立体化、深层次博物馆宣传体系，开拓多元化、多层次参观人群。通过不断优化票务、餐饮、影院、咖啡厅、小食吧、文创商店等服务环节，持续为观众提供优质服务。十年间，博物馆4D影院、天象馆借助高科技手段，以公众喜闻乐见的形式，播放海洋科普影片，发挥了现代博物馆的新型宣教功能。

博物馆文创产品凝结了藏品内涵与文博印记，堪称博物馆生命力的延续。自开馆以来，中海博紧扣航海特色，开发主题元素，提升设计力量，探索文创品牌发展道路。2016年下半年，中海博成为全国92家博物馆文化创意产品开发试点单位之一。自2017年起，中海博策划实施"海博文创"产品系列化，确定"馆藏文物""历史故事""大航海""航海艺术"等文创四大主题，并衍生开发"郑和系列""海图系列""航海时代系列""朝宗于海系列"等产品。同时，销售渠道得到跨越性拓宽：开辟线上渠道，入驻天猫平台，开设中海博旗舰店，实现"让公众把博物馆带回家"的初衷。近年来，"海博文创"积极参与"中国博物馆及相关产品与技术博览会""中国艺术节演艺及文创产品博览会""上海旅游节·长三角文化旅游集市"等国内各大文博展会，并与上海科技馆、中国（海南）南海博物馆等文博单位建立互相代销合作，产生了良好的品牌及社会效应。

（六）国际交流

博物馆是历史与文化的中枢，也是全球化趋势下不同地区、不同国家开展文化对话与交流的重要载体。作为国家级航海博物馆，中海博始终秉持"弘扬航海文化、传播华夏文明"的宗旨，致力于促进中外航海文化交流，推进国际化建设，与世界上很多航海文博机构建立密切的业务联系。

筹建期间，中海博与世界上一些知名海事类博物馆建立了友好关系。2010年7月5日开馆日，国际海事博物馆协会（ICMM）主席卢梅杰先生率部分会员单位代表亲临上海，参加了开馆仪式；当天下午还举行了中外海事类博物馆馆长沙龙，交流分享行业博物馆建设管理经验。2015年，中海博加入国际海事博物馆协会，积极参与协会活动，定期交换行业资讯。十年来，中海博先后与英国格林尼治国家海事博物馆、丹麦国家海事博物馆、澳大利亚国家海事博物馆、韩国国立海洋博物馆、荷兰鹿特丹海事博物馆、意大利热那亚海事博物馆、比利时安特卫普河边博物馆、瑞典瓦萨沉船博物馆、美国神秘港博物馆、温哥华海事博物馆、日本神户海洋博物馆等海事类博物馆保持友好往来，在藏品、展览、学术研究、人员培训等方面开展了具体的合作，实现了世界大航海背景下的文化交融。

此外，中海博注重与国外知名港航单位、组织机构、科研院所、高校等建立联系、保持互动，与英国劳氏船级社、德国汉堡港务局、比利时安特卫普港务局、英国剑桥大学、荷兰莱顿大学、加拿大麦吉尔大学、奥地利萨尔茨堡大学等机构，在人员互访、陈列展示、文献资料、会议论坛、刊物出版等方面形成了交流合作，多角度、多层面诠释了"航海连接世界"的历史、现实与未来。①

二 行业博物馆的社会责任与可持续发展

博物馆是为社会和文化发展服务的，纵观近年来国际博物馆日主题，无论是博物馆与环境，还是社区建设、青少年教育、社会变革，都和现代社会发展问题相联系。2019年国际博物馆日的主题是"作为文化中枢的博物馆：传统的未来"，2020年的主题是"致力于平等的博物馆：多元和包容"，更是要求博物馆与时俱进，提升自身文化服务的辐射功能，不仅满足于推动自身发展进步，更要多元包容、跨界融合，致力于社会的可持续发展。

---

① 中国航海博物馆编著《风正一帆悬：中国航海博物馆开馆十周年纪念文集》，上海人民出版社，2020。

（一）行业博物馆的意义

在各种社会文化中，行业文化是自人类社会出现分工以来，经过不断积淀而形成的一种特有的文化现象。

行业博物馆利用其特色的馆藏资源，以其新颖的展陈宣教手段，展示行业文明、发展历程及对世界的贡献，构建平台，加强交流，普及知识，传播文明，为社会及行业发展服务。[1] 与传统博物馆相比，行业博物馆在研究的对象、方法、角度、侧重点等方面都有其特殊性。传统博物馆往往偏重于研究文物本身，行业博物馆收藏的行业文物标本，更多地体现了与行业有关的社会活动和社会现象。作为行业博物馆，除了一般博物馆共性的研究课题之外，更应着重于研究本行业的历史演变，研究本行业工艺技术的发展沿革，侧重于技术史、经济史、社会生活史、城市发展史诸方面。行业博物馆通过对行业发展历史、行业科普的收藏、展示和研究，行业精神的挖掘和宣教，管窥行业发展的进步史、民俗风情的流变史及社会演变的多个侧面，揭示其所蕴含的社会、历史、人文、科技价值。[2] 而中海博的主题是航海，所涵盖的范畴涉及造船、海关、贸易、航运、海事、海防、导航、港口、救捞、航道等多方面，包括政治、经济、科学文化、交通、民俗信仰、军事、体育、休闲娱乐等几乎人类涉足的所有领域，因为人类从内河走向海洋，从独木舟到万吨轮，一部航海发展的历史，就是不断成长壮大的人类文明史诗，是一部壮丽的社会发展史。

（二）博物馆与相关行业的互动

行业博物馆让公众不仅对行业文化有了历史性的全局通览，同时也了解了该行业发展的现状与趋势、在当今社会发展中的作用，参观行业博物馆，不仅拉近了普通观众与该行业的距离，更可激发青少年对该行业的兴趣，行

---

[1]　陆建松：《行业文化与行业博物馆》，《博物馆研究》2001 年第 3 期。
[2]　王畅：《试论行业博物馆的特殊性》，《中国博物馆》2003 年第 4 期。

业内部更可以利用博物馆平台增进相互间的观摩学习，促进对行业科技创新成果及相关经营发展的宝贵经验的交流，创造出一个交流促进的环境。例如，当代航海科技装备是航运事业发展的重器利器，凝聚了航运人的力量、智慧和精神，是党史、新中国史、改革开放史、社会主义发展史的生动体现。2020年6月，结合"四史"学习教育，中海博通过对展区优化改造，打造了全新的"高端航海科技装备"展示区，从中国远洋海运集团、中国极地研究中心、上海振华重工（集团）股份有限公司、上海临港海洋高新技术产业园区等单位借用展品，充实了"蛟龙号"载人潜水器、"彩虹鱼号"载人深潜器、"雪龙2号"极地考察船、"天鲲号"自航绞吸船、新型全桁架式大梁岸桥等展品，更加全面直观地展示了新中国成立后中国航海事业从一片萧条开始起步，在造船技术、航线开辟、深海探测、南极科考、航天测量等航海科技方面取得的辉煌成就，引起了社会各界的强烈关注。

行业博物馆注重搜集本行业范围内古今中外相关的文献和实物资料，因而在研究行业的工艺技术方面具有得天独厚的优势，中海博开展了系统性的整理研究，将成果提供给科研单位、生产部门和普通观众，最大限度地发挥行业博物馆的社会职责。行业博物馆，对于继承行业文化、弘扬行业精神、服务社会发展具有重要意义。

古为今用，推陈出新，行业藏品是行业活动重要的信息载体，不仅反映了行业的发展兴衰，也折射出与行业相关的社会行为和社会活动，包括个人和集体的物质活动和精神活动，它们对于人们从事相关行业生产活动和科学研究、对于行业的更好发展都具有重要的借鉴和启示作用。[1] 行业博物馆因其行业专题特点，在发挥常规博物馆功能时，还可充分调动自身人才优势，主动对接，寻求与相关行业企业的合作，开展延伸服务，为行业发展提供更宽广的文化视野。中海博近年来也开展了一些相关的延伸合作，如承担了交通部、上海市海洋局等单位的研究项目，无论是航海文化资源研究、南海地

① 陆建松：《上海市行业博物馆建设：意义、现状及其存在问题思考》，《复旦学报》2003年第4期。

名研究，还是青少年海洋教育调查研究，都是博物馆在与相关行业单位合作方面开展的很有现实意义的工作。

行业博物馆既是收藏和弘扬行业文明，普及行业知识的重要平台，也是展示行业形象、成果、发展趋势、宣传行业文化的一个重要窗口，博物馆可以积极参与城市文化建设及行业文化活动，引领行业文化、弘扬城市精神、搭建多元文化交流平台。[1] 对相关行业单位而言，行业博物馆可以成为其青睐的用于行业交流与合作、宣传与展示的重要场所和平台。十年来，中海博先后与中波轮船股份公司、长荣海运股份有限公司、民生轮船股份有限公司、中国引航协会、中国远洋海运集团等港航单位合作举办展览。除了展览，还可以有其他很多多元合作，如公益赞助、舞台演出、仪式活动、推广宣传、行业培训、品牌发布、高峰论坛等，在这些方面可以尝试更深入更多层次的交流合作，从而发挥行业博物馆的独特作用。

（三）文旅融合背景下的博物馆

博物馆与文化旅游的互惠关系是不言自明的，文化旅游是人们旅游的重要动因之一，而博物馆是保持文化旅游业可持续发展的一个重要增长点。博物馆是展示一个地方社会历史、地理风貌和民俗文化的重要窗口，是吸引社会公众参观游览的重要旅游场所，可以帮助游客深切而快速地了解认知一个地方，提升旅游体验的文化深度与质量。因此，很多著名的国际旅游城市在发展旅游业时，都十分重视利用博物馆这种独特的文化旅游资源。

在很多发达国家和地区，文化旅游产业已成为重要支柱产业或新的经济增长点，而博物馆尤其是行业类的专题性博物馆更是对一个地方的社会经济发展意义重大。比如西班牙毕尔巴鄂的古根海姆博物馆，由于其"以文化带动城市经济"的成功典范作用，已经成为"古根海姆效应"，被很多城市效仿，博物馆改变了一座城市、带动了一座城市。

在中国，博物馆对于城市发展的贡献效应也逐渐被关注和重视。南京博

物院曾在 2019 年做过一个南京博物院旅游贡献度研究，以 2018 年全年吸引观众 366 万人次计，南京博物院对于南京市的旅游经济贡献为 16.19 亿元（含餐饮、住宿、交通、购物、休闲娱乐等旅游收入），对 GDP 的综合贡献达到 26.956 亿元，对南京旅游知名度的贡献为 9.67%，社会福利贡献达到 3.92 亿元。①

有不少研究预见，文化旅游产业将在今后社会发展、人类生活中扮演非常重要的角色。由此可知，无论是对科普教育、文化休闲活动，还是对一地的经济、旅游，博物馆都可以发挥无可替代的重要作用，其潜力需要包括博物馆在内的各界人士共同去发掘。② 博物馆、旅游和行业企业三者之间存在着相互促进、共同发展的密切互动关系，这种关系为发展行业博物馆奠定了良好的合作基础，也为行业博物馆在为社会及其发展服务的职能发挥上寻找到很好的运作空间。

当前，文旅融合方兴未艾，中海博已经在工业旅游、研学旅游、资源联合等方面做出了不少尝试，今后还会加大力度，适应文化休闲经济的需要，健全博物馆纳入文化旅游体系的政策制度，使中海博成为上海、华东乃至全国重要而知名的旅游资源，纳入上海及国内旅游精品线路，并积极探索纳入国际旅游精品线路。加强创新和引领，特别是在航海类主题的文化旅游休闲景点打造、文化创意产品开发等方面，勇于创新探索，形成"博物馆 + 旅游 + 服务"的独具特色的成功案例，在全国范围内起到典范作用。

（四）博物馆与社会互动

十年发展中，中海博各项业务的开展，离不开社会各界的支持，中海博也一直秉持开放的办馆方针，未来博物馆在与社会诸多单位机构互动方面会越来越多元化。政府部门、科研院所、教育机构、文化场所、社会组织、新闻媒体、企事业单位、民间团体、社会公众等，都可以成为中海博互动的社会资源。③ 为了使这些社会资源很好地助力博物馆的发展，中海博应与这些

---

① 南京博物院：《文旅融合背景下南京博物院旅游贡献度研究》，《东南文化》2020 年第 1 期。
② 杨怡：《关于发展行业博物馆必要性及意义的思考》，《东南文化》2002 年第 11 期。
③ 宋向光：《博物馆定义与当代博物馆的发展》，《中国博物馆》2003 年第 4 期。

组织机构建立合作共建机制，资源共享，使合作双方能够取长补短、各取所需，实现双赢，共同为社会及其发展服务。

博物馆作为面向社会服务的向社会公众提供高品质文化产品的公益性事业单位，不仅要对走进博物馆的观众做好接待服务，还要积极"走出去"，拓展博物馆的服务空间，所谓"从馆舍天地走向大千世界"。中海博将大胆创新，突破原有工作范式，更新服务公众思维，参与社会、社区建设，举办如亲子活动、夏令营、船模比赛、书法绘画、文创设计等活动，为观众提供多样化、优质化、人性化的服务。博物馆的陈列展览要增强知识性、趣味性、观赏性、互动性与可参与性，从近年来博物馆的发展趋势看，中海博还不断提高博物馆的教育功能、传播功能和文化休闲功能，先后将展览办到了商业场所、科研院所、地铁站、航站楼、公园景点、民族地区、农村地区等，提升了博物馆的影响力，打造了中海博文化品牌，用文化赋能社会主义现代化建设，取得了良好的社会效益。博物馆与社会的互动是共享双赢，博物馆通过与社会互动提升了公共形象，而公共形象的提升又促进了社会与博物馆之间的更多互动，最终博物馆与社会共同发展进步。

将博物馆作为终身教育的课堂、文化休闲的场所，使博物馆从公众生活的旁观者变成参与者。同时，博物馆担负起主动关注社会诉求、预测社会热点的责任，通过专题展览、咨询服务、互动活动等各种手段对社会舆论予以正确引导。[①] 中海博是我国航海历史文化方面重要的研究中心、传播平台与科普基地，无论是对接国家战略的上海国际航运中心主题展览，还是贴近民生的夏令营、科普活动、研学旅行、航海生活节，还是代表着大国重器的航海造船领域的最新科技成就展，都从不同层面阐释着航海与国家、社会的同频共振，实践着博物馆的服务功能。航海，其实与社会公众的距离并没有想象中那么遥远，中海博的职责之一就是在行业与社会公众之间架起一座沟通的桥梁。

---

① 单霁翔：《博物馆的社会责任与社会发展》，《四川文物》2011 年第 1 期。

（五）博物馆与社会记忆

博物馆对于文化遗存的继承、收藏和保护，是其最为基本的功能之一，功在当代、利在千秋。行业相关文物凝聚着行业发展的历史内涵和文化积淀，是行业文明的记忆载体，具有重要的历史价值。随着大规模的城市建设、日新月异的技术设备的更新换代，加上人们的忽视，行业文物正以难以想象的速度消亡，随着时间的流逝而湮没在历史的尘埃中，对"行将消失的景观"进行抢救性的收藏保护，已是非常必要、刻不容缓。① 而非物质文化遗产同样凝聚了人类的创造力，是见证人类发展的文化"活化石"，行业相关的非物质文化遗产是行业历史积淀最有代表性的存在，积极参与非物质文化遗产保护是实现博物馆文化理念和价值的必然要求，体现了博物馆的社会职能。通过对非物质文化遗产的抢救、保护，博物馆从封闭式服务走向民间，汲取民间营养，吐故纳新，博物馆功能不断扩展，其丰富内涵延伸出更广阔的视野。②

对于中海博来说，涉海类非物质文化遗产是独具特色的社会记忆。涉海类非物质文化遗产浩如烟海，散落各处，中海博对非物质文化遗产的收藏还存在诸多不足；但随着非物质文化遗产传承人的离去收藏工作非常紧迫，所以在今后的文物收藏保护中，中海博将投入更多的关注，抢救性地开展相关工作，如对传统的造船技艺、航海驾船，相关的航海民俗信仰，涉海文学、饮食、工艺美术等的收藏，不仅对航海类历史文献资料进行有益补充，而且在促进行业传承与发展方面有着实际意义。中海博也曾于 2020 年初举办了长三角航海非物质文化遗产展览，取得了不错的社会影响。

三　中海博未来发展展望

十年来，中海博以开放促发展，整合各方资源，积极加强与社会各方的

---

① 王仁波等：《上海发展行业博物馆初探》，《中国博物馆》2000 年第 3 期。
② 张秋莲：《博物馆参与非物质文化遗产保护的重要性与可行性》，《艺海》2009 年第 11 期。

联动合作，在场馆联盟、文化惠民等方面取得长足的进步，社会影响力有效提升。但也存在诸多不足，如藏品基础比较薄弱，标志性展陈、科研成果相对较少；服务观众、服务社会的文化产品不够丰富，尚未形成在全国范围内有广泛影响力的博物馆品牌；人才支撑保障不足，干部与人才队伍建设还需进一步提升；内部管理的规范化、标准化、专业化程度仍然不高，机构运行不够高效；博物馆智慧管理、智慧服务探索力度有待加快；运行资金来源单一，限制服务能力提升；社会资源整合程度不够，限制事业发展；作为国家级博物馆，在国内乃至国际上的知名度和影响力还有很大的提升空间。2020年是中海博建成开放十年，经过十年的初创、积累与发展，接下来，中海博将进入新的发展周期，全面提升能级和水平，全面开拓交流与合作，全面扩展声誉和影响，既面临重要机遇，也面临发展挑战。中海博应该与国家共振，与社会同频，寻找自身独特的作为空间，发挥独特作用。

"十四五"是重要的历史节点，是衔接"两个一百年"奋斗目标、开启我国全面建设社会主义现代化国家新征程的第一个五年，也是上海在基本建成"四个中心"和形成科创中心基本框架体系的基础上，向着全面建成"五个中心"和文化大都市、具有世界影响力的社会主义现代化国际大都市目标迈进的第一个五年。国家"海洋强国"战略、"交通强国"战略、"文化强国"战略、"一带一路"倡议、上海国际航运中心建设、长三角一体化发展、上海自贸区临港新片区等国家方略将深层全面推进。因此，中海博将做好自己的"十四五"规划。

中海博要坚持问题导向和目标导向，加强顶层设计，面向公众、面向世界、面向未来，以"弘扬航海文化、传播华夏文明"为办馆宗旨，坚持稳中求进，以人民需求为本，以历史传承为脉，以特色文化为魂，保护利用好文化遗产和资源，有力推动文物资源创造性转化和创新性发展，通过管理机制优化、人才队伍建设、品牌形象塑造、业务能力提升，发挥博物馆多元、包容的文化中枢作用，在高质量发展上迈出更大步伐，加快建设成为"国内一流、国际知名"的国家级航海类专题博物馆。

中海博将努力建设成为我国最重要、国际较知名的航海类专题博物馆，

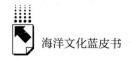

成为国内首屈一指、最具代表性的行业博物馆之一；成为中外航海历史文化、航海文明及精神意识的收藏保护重地、陈列展览殿堂、教育传播基地、学术研究重镇、国际交流中心、活动赛事平台，并在航海主题的文化旅游休闲景点打造、文化创意开发等方面起到引领典范作用，成为国家的文化品牌、城市的文化名片、临港新片区的文化客厅、港航行业的文化标兵，在国家和区域博物馆的发展体系中占据重要地位、拥有知名品牌、发挥显著影响。

四　结语

作为连接过去、现在和未来的博物馆，是保护和传承人类文明的重要殿堂，深入发掘我国历史文化资源，传播好中华优秀传统文化、革命文化和社会主义先进文化，在历史传承与保护、文化传播、科学普及、社会公共服务、引领社会风尚、增强文化软实力、提升国民素质等方面，越来越发挥出多元包容的文化中枢作用，是国家治理和社会发展的深厚支撑，并在促进世界文明交流互鉴方面具有特殊作用。

21世纪是海洋的世纪，历史经验告诉我们，向海则兴，背海则衰。党的十八大报告首提"建设海洋强国"，围绕海洋强国发表了一系列重要讲话，做出一系列重要部署，为发展新时代海洋事业提供了方向和指引。2013年10月，习近平主席在印度尼西亚访问时提出共建"21世纪海上丝绸之路"的倡议，其中提到要密切以海洋为载体和纽带的文化合作，促进海上互联互通和交流合作，推动海洋文化交融，共同增进海洋福祉。

文化事业的发展繁荣，海洋事业的蒸蒸日上，为中海博的发展创造了良好的外部环境，也带来了良好的发展机遇。截至2019年底，全国博物馆达到5500多家，涉海类专题博物馆如航海、舟船、船政、海战、港口、海事、海关、海洋、水运等专题博物馆约60家；如果将收藏展示内容与舟船航海相关的都统计进来，特别是沿江沿海地区综合类省级、市级博物馆都统计在内的话，估计有130余家。如何在众多博物馆中形成自身特色和品牌，提升博物馆的吸引力和竞争力，如何提升能级，达到更高发展水准，如何更好发挥中国博物馆协会航海博物馆专业委员会这一凝聚国内诸多涉海类博物馆资源的平台作用，都是中海博未来发展中面临的问题。

中海博依托我国丰富的航海历史文化资源，在保护、传承和弘扬航海文明，普及航海知识，服务社会公众，推动行业发展，宣传行业文化，树立行业形象等方面，都将成为不可或缺的重要力量。可以预见，中海博肩负着时代赋予的任务和使命，发展前景也将是十分广阔的。

评 价 篇

Evaluation Report

B.10
中国海洋教育机构评价体系研究

刘训华 胡小娟*

摘 要： 海洋教育机构评价是符合我国海洋教育研究现状的。开展海洋教育机构评价需要发挥诊断性、导向性、激励性功能。海洋素养理论、可持续发展理论、国际竞争理论是海洋教育机构评价的三大支撑理论。当前，海洋教育机构评价的主体分为学校体系、社会体系、政府体系、研究体系四种类型，关注社会参与、人文情怀、科学探索、生态意识四个方面的内容。海洋教育机构评价在遵循客观性、科学性、可观测原则的基础上，分为目标评价、过程评价和效果评价三个层次。中国海洋教育机构评价指标体系（2020版）由4项一级指

---

* 刘训华，宁波大学教师教育学院教授，宁波大学海洋教育研究中心执行主任，《宁波大学学报》（教育科学版）常务副主编，主要研究领域：教育史、海洋教育；胡小娟，宁波大学教师教育学院硕士研究生，主要研究领域：海洋教育。

标、14 项二级指标、45 项三级指标构成，采取定量与定性相结合的方式，赋予各指标不同权重。海洋教育机构评价是实施海洋强国战略、落实"一带一路"倡议的重要保证，是强化海洋教育科学管理、实现海洋资源整体优化的重要环节，也是提高海洋教育质量的有效手段。

关键词： 海洋教育　机构评价　中国海洋教育机构评价指标体系

一　海洋教育机构评价的研究必要

在教育评价自产生到现在的 70 多年历程中，对教育评价的认识集中为三种观点：教育评价是对教育活动进行价值判断的过程；教育评价是提供评价信息的过程；教育评价是一种共同建构的过程。[①]

我国教育评价实践改革始于 20 世纪 80 年代中后期，党中央、国务院及教育工作者曾多次在中央的教育文件中提及对教育评价的重视。[②] 1999 年，《中共中央　国务院关于深化教育改革全面推进素质教育的决定》指出："加快改革招生考试和评价制度，改变'一次考试定终身'的状况……建立符合素质教育要求的对学校、教师和学生的评价机制。地方各级人民政府不得下达升学指标，不得以升学率作为评价学校工作的标准。鼓励社会各界、家长和学生以适当方式参与对学校工作的评价。"[③] 20 世纪末对教育评价的实践改革处于初级探索阶段，尽管已经展开了对教育评价的改革研究，但仍然存在一些被忽略的层面。

---

① 刘志军：《教育评价的反思和建构》，《教育研究》2004 年第 2 期，第 59~64 页。
② 涂端午：《教育评价改革的政策推进、问题与建议——政策文本与实践的"对话"》，《复旦教育论坛》2020 年第 2 期，第 79~85 页。
③ 何东昌主编《中华人民共和国重要教育文献（1998~2002）》，海南出版社，2003，第 288 页。

进入 21 世纪，教育评价改革伴随着教育体制机制改革逐渐发展，渐趋成熟。2010 年，为了落实"优先发展教育，建设人力资源强国"的战略部署，促进教育事业科学发展，全面提高国民素质，加快社会主义现代化进程，党中央颁布了《国家中长期教育改革和发展规划纲要（2010～2020年)》，这一纲要的提出标志着我国教育体制机制改革进入深化阶段。[①] 在教育评价方面，纲要指出要改革教育质量评价和人才评价制度。"改进教育教学评价。根据培养目标和人才理念，建立科学、多样的评价标准。开展由政府、学校、家长及社会各方面参与的教育质量评价活动。""改进人才评价及选用制度，为人才培养创造良好环境。树立科学人才观，建立以岗位职责为基础，以品德、能力和业绩为导向的科学化、社会化人才评价发现机制。强化人才选拔使用中对实践能力的考查，克服社会用人单纯追求学历的倾向。"2020 年是我国中长期教育改革和发展规划的收官之年，回顾过去十年，我国在改善教育评价理念、建立教育评价体系、开展教育评价活动等方面都取得很大进展。面对新的阶段，习近平总书记强调："教育评价事关教育发展方向，要全面贯彻党的教育方针，坚持社会主义办学方向，落实立德树人根本任务，遵循教育规律，针对不同主体和不同学段、不同类型教育特点，改进结果评价，强化过程评价，探索增值评价，健全综合评价，着力破除唯分数、唯升学、唯文凭、唯论文、唯帽子的顽瘴痼疾，建立科学的、符合时代要求的教育评价制度和机制。"[②]

教育评价的类型按照不同的分类标准可以有多种划分，比如按照功能可以划分为诊断性评价、形成性评价和终结性评价；按照范围可以划分为宏观评价、中观评价和微观评价；按照方法可以分为定量评价和定性评价。海洋教育机构评价是指以涉海教育机构为参与主体，采用构建指标体系的方式进行定量与定性相结合的评价，本质上是一种对当前开展海洋教育活动主体的

---

① 范国睿、孙闻泽：《改革开放 40 年教育体制机制改革的历史与逻辑分析》，《教育研究》2018 年第 7 期，第 15～23、48 页。

② 《习近平主持召开中央全面深化改革委员会第十四次会议》，新华网，http：//www.xinhuanet.com/politics/leaders/2020-06/30/c_1126179095.htm，2020 年 6 月 30 日。

观察和考量，属于教育评价的一种。

开展海洋教育机构评价需要发挥其诊断性功能。各级各类涉海教育机构在活动的开展过程中会出现不同的问题，其实际活动的效果也有所不同。借助海洋教育机构评价可以全方位了解我国海洋教育机构活动开展的具体概况，发现其中的问题所在，为寻求恰当的解决方法奠定基础。目前海洋教育活动还未在全国范围内形成"燎原之势"，这在很大程度上是因为海洋教育的理论与实践脱节，研究人员与实践人员缺乏交流反馈。海洋教育机构评价可以让评价者、被评价者、参与者看清教育活动的现状，发现其中的问题与不足。

开展海洋教育机构评价需要发挥其导向性功能。教育评价的内容和方向影响着开展教育活动主体的判断，进而影响着教育活动的方向和侧重点。海洋教育机构评价的目的是引导海洋教育实践朝着科学化、精细化的方向发展，最终提高我国海洋教育的整体水平。

开展海洋教育机构评价需要发挥其激励性功能。海洋教育机构评价的结果不仅反映了当前的研究现状，也为之后的改进指明了方向。海洋教育研究需要在理论研究、实践研究、智库研究和评价研究等四个方面形成合力，海洋教育机构评价既是评价研究的一部分，同时也构成了完整的海洋教育研究体系。随着海洋教育评价体系的改进，其他三个方面也需要做出相应的调整。

海洋教育机构评价的目的，首先是引起对海洋教育的关注。目前我国海洋教育的状况相对于过去有了很大的改变，但是在海洋教育实践过程中仍然存在海洋教育资源分配不公平、海洋教育师资力量薄弱等现象。具体来说，内陆省份与沿海省份差距较大；非海洋特色实践学校与海洋特色实践学校差距较大。我国浙江、广东、山东等沿海省份充分利用地理位置和资源优势，开展海洋特色教育实践，形成自己的海洋教育品牌，在全国范围内产生了一定的影响力。相比之下，内陆地区开展海洋教育有太多限制条件，但是我们可以通过教育评价，促进海洋教育资源的跨省域流通，促进海洋教育公平。其次是彰显海洋教育对象的主体性。我

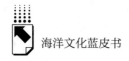

国海洋教育主要以大中小学生为对象，以学校为实践基地开展各种活动。借助海洋教育机构评价的结果，反映当前海洋教育活动的开展情况，及时调整活动方向，让学生在接受海洋教育的过程中获得自我满足。最后是促进学生的全面发展。2016 年 9 月，北京师范大学林崇德教授所在课题组受教育部委托研究发布了"中国学生发展核心素养"，提出了关于中国学生发展的六种素养和十八个要点。[①] 中国学生发展的核心素养是面向学生未来全面发展提出的理想蓝图，是落实立德树人根本任务、提升人才核心竞争力的重要体现。海洋素养成为海洋教育实践活动过程中重点落实的内容，也是促进学生全面发展的组成部分。

二 海洋教育机构评价的理论分析

海洋教育机构评价的基础是建立完整的评价指标体系，该指标体系的设计需要几个理论支撑：一是海洋素养理论；二是可持续发展理论；三是国际竞争理论。

（一）海洋素养理论

所谓"素养"，《现代汉语词典》中解释为"平日的修养"。[②] 这一释义将"素养"指向人的一种综合素质或能力，同时也规定了"素养"所适用的范围。依照这种解释，海洋素养就是指在日常的生活、学习和研究等过程中应该具备的与海洋相关的综合素质或能力。

世界各区域关于海洋素养的研究中影响最大的数美国国家海洋教育者协会（NMEA），该组织从 2002 年开始关注海洋素养，之后在近 10 年时间里搜集专家学者和公众的意见并进行研讨，于 2010 年明确了海洋素养的定义、

---

① 林崇德:《构建中国化的学生发展核心素养》,《北京师范大学学报》（社会科学版）2017 年第 1 期，第 66 ~ 73 页。
② 中国社会科学院语言研究所词典编辑室编《现代汉语词典：2002 年增补本》，商务印书馆，2002，第 1204 页。

七大原则及 45 个基础概念。这一成果发布之后在全球海洋教育研究领域引起了极大关注,并逐渐成为海洋教育发展的主轴方向。① 在欧洲,海洋素养培育主要由 2011 年成立的欧洲海洋科学教育者协会 (European Marine Science Educators Association,简称 EMSEA) 推动。2012 年 10 月 9 日,EMSEA 在比利时布鲁日举行了第一届欧洲海洋素养大会,来自 15 个国家的 110 名代表参加了会议,他们讨论了教育和海洋素养如何应对与欧洲海洋和大西洋相关的未来社会挑战,并且认为此次会议在欧洲海洋素养发展方面具有奠基石和里程碑式的意义。② 之后,EMSEA 陆续在普利茅斯、哥德堡、克里特岛、贝尔法斯特等地开展关于海洋教育的研讨会,并于 2015 年公布了欧洲海洋素养架构。亚洲海洋教育者学会 (Asia Marine Educators Association,简称 AMEA) 也正在积极研究适合亚洲区域的海洋素养体系。2015 年,由东京海洋大学、台湾海洋大学、厦门大学及吉大港大学的四位海洋教育者共同发起的亚洲海洋教育者协会在日本东京成立。该组织先后在台湾、菲律宾、青岛举办学术研讨会,对海洋人才、海洋素养及评价等方面进行了讨论。③

构建以海洋素养为中心的海洋教育实践,已成为国内外海洋教育界的基本共识。海洋教育的整体发展由最初的重视海洋科学知识、海洋人才的培养转变为对海洋素养的关注。研究重点的转变表明海洋教育在探索过程中一步步走向更深层次、更高水平。

(二)可持续发展理论

可持续发展理论起源于 20 世纪 50~60 年代,当时人们面临环境与人口、经济、城市发展之间的矛盾。这一观念先是在个别国家引起了关注和讨论,到了 90 年代联合国环境与发展大会上,可持续发展理论在全世界

---

① 严佳代:《亚洲海洋教育合作与发展契机》,《宁波大学学报》(教育科学版) 2019 年第 6 期,第 24~32 页。

② "Ocean Literacy," http://www.emsea.eu/info.php? pnum=7,2020-07-05.

③ 严佳代:《亚洲海洋教育合作与发展契机》,《宁波大学学报》(教育科学版) 2019 年第 6 期,第 24~32 页。

范围内得到认可。可持续发展是面向未来的一种发展理念，既要考虑当代人的需求，也要满足后代人的需求，社会的方方面面都要面临可持续发展的考验。

海洋的可持续发展已经成为世界各国共同关注的话题。2015 年 9 月，各国元首和政府首脑通过了《改变我们的世界：2030 年可持续发展议程》，这一议程的目标之一是：保护和可持续利用海洋和海洋资源以促进可持续发展。同年 12 月，联合国大会决定召开支持可持续发展目标的会议——联合国海洋大会。这一决定充分证实了全球范围内对海洋可持续发展的重视。2017 年 6 月 5 ~ 9 日，联合国在总部纽约召开新一届海洋大会，主题为"我们的海洋，我们的未来：携手落实可持续发展目标 14"。① 从长远来看，可持续发展是保护和利用海洋的基本原则，教育在此过程中起到引领和指导的作用。因此，可持续发展有必要成为海洋教育的一部分，也有必要纳入海洋教育评价体系中进行考核。

（三）国际竞争理论

国际竞争是当今各国在全球寻求国家发展和战略地位而必须参与的活动，主要表现为国家综合能力的竞争。有学者认为人类历史发展已经充分证明，真正崛起的大国必须是全球大国，而全球大国无一不是具备海洋强国战略的大国，是能够充分利用、开发、征服海洋和在关键的海洋战略通道上具有控制力的大国。② 当今世界早已达成共识，21 世纪是海洋的世纪，海洋在国家发展中有着不可替代的地位。近年来国际上关于海洋的争端不断出现，我国的南海问题也迫切需要得到解决，这些都提醒我们未来应该在增强海洋的国际竞争力方面给予更多关注。赢得海洋在国际上的竞争力，一方面有利于集中海洋资源获得发展优势，另一方面有利于提升我国海洋教育的整体发展水平。

---

① 《联合国海洋大会筹备会议：我们的海洋，我们的未来——携手落实可持续性发展目标 14（2017 年 2 月 15 ~ 16 日）》，《太平洋学报》2017 年第 6 期，第 2 页。
② 朱锋：《海洋强国的实现需要有 21 世纪的海洋战略意识》，《亚太安全与海洋研究》2018 年第 4 期，第 1 ~ 4 页。

　　海洋教育机构评价指标体系的建构需要海洋素养理论、可持续发展理论、国际竞争理论的支撑，其中海洋素养理论是奠定基础，考虑海洋教育机构评价应该从哪些方面展开，为海洋教育的活动方向和研究重点提供了参考；可持续发展理论是面向未来，既考虑到海洋的可持续发展，同时又间接引领着海洋教育走向无限可能；国际竞争理论是面向全局，从国家利益的角度出发，致力于将海洋教育发展成为我国的优势力量，为我国在国际上的竞争创造更多有利条件。三种理论从不同的角度发挥不同的作用，共同为海洋教育机构评价提供方向指引和内容分析。

三　海洋教育机构评价的构成要素

（一）海洋教育机构评价的主体

　　参与海洋教育过程的有接受海洋教育的对象、开展海洋教育的机构以及评价海洋教育效果的第三方组织。当前中国海洋教育机构由学校体系、社会体系、政府体系、研究体系四类构成。[①]

　　海洋教育机构的学校体系以各级各类学校为主，从学前到义务教育再到高等教育，各个阶段都以不同的形式和内容开展海洋教育。大学重在专业教育，辅之以通识教育；高中海洋教育多向科学性、选修性方向发展；初中特别是小学是当前实施海洋教育的主体，因为无高考压力，有空间和资源做海洋特色教育的推进工作；学前教育是另外一支海洋教育实施的力量，图像化、实物化海洋教育，是一种新的海洋教育图景，不可忽视，值得关注。[②]学校体系是海洋教育实践的基础，其中以小学为实施重点。一方面，义务教育小学阶段的学生无升学压力；另一方面，小学阶段的学生具备了一定的知

[①]　刘训华、胡小娟：《海洋教育评价的逻辑理路与指标体系》，《宁波大学学报》（教育科学版）2020年第3期，第12~22页。

[②]　刘训华、胡小娟：《海洋教育评价的逻辑理路与指标体系》，《宁波大学学报》（教育科学版）2020年第3期，第12~22页。

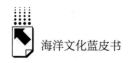

识基础和理解能力，在海洋教育实践过程中具有较大的积极性。目前在全国范围内来看，海洋特色学校在阶段上以小学居多，在区域上以山东、浙江、广东等沿海地区为主。例如，浙江省舟山市朱家尖小学是一所具有鲜明海洋教育特色的"国际生态学校"，学校以"海纳百川，成就孩子童年的海洋梦"为办学宗旨，充分利用地域优势和海洋资源，构建出一套"海·雅"课程体系，实现建设"海洋教育品牌学校"的目标。

海洋教育机构的社会体系以涉海类博物馆、水族馆及其他海洋体验场所为主，这类机构的主要功能是传播海洋历史、海洋人文、海洋经济、海洋科学等通识性内容。社会体系是伴随着城市发展和需要而出现的，它有效缓解了沿海和内陆地区海洋教育资源差距悬殊的问题。位于浙江省宁波市北仑区的中国港口博物馆以港口文化为主题，在教育、交流、收藏、展示等方面发挥重要功能。该博物馆以"港通天下""创新之路""水下考古在中国""科学探索""数字海洋""海濡之地"等几个展厅为主，向社会传递港口文化和海洋文明，成为海洋教育的社会基地。

海洋教育机构的政府体系在我国海洋教育活动的开展过程中成为重要的资源和保障。政府体系发挥其决策、管理、咨询等职能，全方位推动我国海洋教育的发展。自然资源部是隶属于国务院的组成部门，在履职过程中坚持和加强党对自然资源工作的集中统一领导。开展海洋知识竞赛、海洋经济博览会、极地考察等活动，从国家层面把握海洋教育发展的方向。自然资源部先后在山东、浙江、福建、广西设立研究所，推动区域海洋教育的研究与发展。

海洋教育机构的研究体系主要分为两类：一是以自然科学为主的研究机构，发现自然海洋现象及其背后的规律；二是以社会科学为主的研究机构，对发生的海洋社会现象进行剖析。海洋教育的社科研究机构以高校的学术研究团队为主，依托高等教育的人才资源优势，发挥在海洋教育实践过程中的积极作用。海洋教育的智库型机构也是研究体系的一部分，智库型机构集中海洋教育的优势资源，通过学术交流，推动海洋教育的研究进程。

海洋教育机构评价的四类主体中,学校体系是既是基础也是重点;社会体系发挥辅助和补充功能;政府体系具有决策力和领导力;研究体系推动海洋教育实践的实质性进展。

(二)海洋教育机构评价的标准

海洋教育机构评价的目的是提高海洋教育的质量,因此评价的标准既要以教育规律和现状为客观依据,又要满足主体的需要。在此基础上,海洋教育机构评价关注社会参与、人文情怀、科学探索、生态意识四个方面。

社会参与是基于主权认知、社会生活、法治思维的评价标准,维护海洋国土和海防安全是每个公民必备的海洋政治意识,海洋经济与生活是海洋社会的组成部分,海洋法治与国际参与是维护国家海洋权益的方法武器。

人文情怀是对教育对象的海洋历史与文学知识、海洋精神与品质、海洋审美能力的评价,海洋教育的人文情怀有助于增进民众对海洋的认识、了解。

海洋教育的科学探索既包括对海洋教育的理论学习,也包括在实践研究中探索海洋,利用海洋造福人类。

生态意识是面向海洋教育的未来思考人与海洋之间的关系,资源利用、环境保护、人海关系是三大核心内容。

海洋教育机构评价的四个标准中,社会参与是海洋教育机构评价的前提,人文情怀是海洋教育机构评价的基础,科学探索是海洋教育机构评价的重点,生态意识是海洋教育机构评价的核心。

(三)海洋教育机构评价的目标

中国海洋教育机构的四类主体由不同的因素构成,在海洋教育机构评价方面也有不同的目标。

学校体系由全国大中小学构成,担负着重要的育人任务。海洋教育学校体系评价以海洋素养为理论支撑,借助海洋教育塑造"亲海、爱海、知海"

的教育情景，通过体验和接触海洋了解海洋与人类、国家、社会的密切联系，感悟海洋人文知识，最后能够激发、助推学生探索海洋科学，提升海洋素养。

社会体系的构成较为复杂，但又与人们的社会生活密切相关。对海洋教育的社会机构进行评价，可以全方位了解我国海洋教育社会机构活动的开展状况，对包括海洋博物馆、海洋体验馆、海洋公益机构和海洋研学基地等的评价也有利于全民海洋意识的提升。

政府体系以科学性、指导性、实践性为原则，通过海洋教育评价为优化海洋教育决策和改善海洋教育实践提供有效反馈信息，发挥政府在海洋教育方面的推动力。

研究体系将通过海洋教育评价发挥海洋教育社科研究机构和智库的功能，将在发挥海洋教育实践的科学性、教育性、主体性，以及为改善海洋教育实施的内外环境而提供的决策参考上，发挥积极而重要的作用。

（四）海洋教育机构评价的原则

海洋教育机构评价除了需要建立统一的评价指标体系外，在评价过程中需要遵循以下原则。

客观性原则：客观是指在海洋教育机构评价过程中应该尊重评价事实和结果。评价前的调查研究和资料搜集应该全面、广泛，保证评价资料来源客观，这是形成正确评价结果的基础。评价过程中对相关资料的整理和分析要尽量采用真实、客观的手段，努力排除个人因素和刻板印象的影响。形成评价结果时，要以客观存在的事实为依据，避免个人主观的猜测和怀疑。

科学性原则：在海洋教育机构评价前应该建立一个统一的指标体系，对评价指标和每一指标的赋分进行细致的考量，以最大限度地保证评价的客观开展。但同时每个海洋教育机构评价的主体又有着各自的特殊性，为保证评价结果的科学有效，可以在统一标准的基础上进行适当调整，以达到最优效果。

可观测原则：海洋教育机构评价是对目前开展海洋教育活动的现状进行调查，一方面评价过程中涉及的指标信息是可以被观察和测量的，另一方面评价的手段和结果是可观测的。海洋教育机构评价应该是一个持续不断的过程，每个评价主体的相关指标信息和评价结果会随之改变。

（五）海洋教育机构评价的模式

依据海洋教育机构评价的四个标准，充分考虑海洋教育机构评价的特点，将海洋教育机构评价分为目标评价、过程评价、效果评价三种模式。

目标评价是以海洋教育领域的教育现象和教育实践主体为评价对象的一种评价，属于宏观性评价。评价海洋教育现象指考察教育活动的预期完成情况。教育实践主体指参与海洋教育活动中的各方主体，评价教育实践主体包括对预期达成目标的判定，也包括对教育实践主体长期培养目标的衡量，如海洋素养的养成。

过程评价是一种中观评价，是对海洋教育实践活动中涉及的各方要素的评价，如学校内部的海洋教育课程、教材；社会机构的影响力、传播力；政府机构的决策力；科研机构的研究创造能力。借助中观评价，可以明确海洋教育的开展情况和发展方向。

效果评价着眼于受教育者自身的发展，是一种微观评价。既是对受教育者海洋素养培养状况的评判，同时也是对海洋教育实施效果的客观反馈。海洋教育的效果评价可以提前预设观测点，借助科学有效的观测结果及时适当地调整教育目标。

四　海洋教育机构评价的体系构建

构建中国海洋教育机构评价体系，首先要厘清教育评价、海洋教育评价、海洋教育机构评价三者之间的关系。教育评价是基于社会需求对某种教育现象的衡量和考核，是一个大的范畴。海洋教育评价是借助一定的评价标准对海洋教育领域进行评价，反映海洋教育的理论研究、实践探索、学术成果等发展现状。海洋教育评价的上位概念是教育评价，具体以教育评价为指导方向。海洋教育机构评价是海洋教育评价的下位概念，同时也是海洋教育评价的组成部分。相比于内容评价和区域评价，海洋教育机构评价是目前符合我国海洋教育事业发展现状，具有可操作性的评价形式。

中国海洋教育机构评价以我国现存的从事海洋教育的机构为研究对象，采用定量处理与定性分析相结合的形式，从品牌力、主题力、管理力、影响力四个方面展开评价。经过周密考量和科学分析，形成包括 4 项一级指标、14 项二级指标、45 项三级指标的指标体系（见表 1）。①

表 1　中国海洋教育机构评价指标体系（2020 版）

单位：%

一级指标	二级指标	三级指标	指标说明	指标采集时间、来源及备注
品牌力	机构获奖状况	机构获奖	中国各类涉及海洋教育奖	时间,2015 年至今;来源,网络
			原国家海洋局全国海洋意识教育基地	时间,2015 年至今;来源,网络;
			地方政府各类涉及海洋教育奖	时间,2015 年至今;来源,网络
		人员获奖	获得的海洋教育个人奖项	时间,2015 年至今;来源,网络;备注,每个机构不多于 5 项
	海洋教育目标定位	契合度	海洋教育目标契合度	时间,2020 年 5 ~ 6 月;来源,网络
		开放度	实施海洋教育的视野和层级	时间,2020 年 5 ~ 6 月;来源,网络
		涉海度	涉及海洋教育占总体内容的百分比	时间,2020 年 5 ~ 6 月;来源,网络

① 刘训华、胡小娟:《海洋教育评价的逻辑理路与指标体系》,《宁波大学学报》（教育科学版）2020 年第 3 期，第 12 ~ 22 页。

一级指标	二级指标	三级指标	指标说明	指标采集时间、来源及备注
品牌力	同行评议	专家委员	根据中国海洋教育机构评价委员会的同行评议指标进行打分	时间,2020年7月;来源,通信评审、座谈会等
		推荐专家	根据同行评议指标进行打分	时间,2020年7月开始;来源,数据采集网站;备注,由中国海洋教育机构评价委员会专家委员及特邀专家推荐的学者构成
		科研人员、政府管理人员	根据同行评议指标进行打分	时间,2020年7月开始;来源,数据采集网站;备注,参加评议的人员要遵守学术规范,抽查学者的真实性,以保证评议人员的真实有效性
主题力	海洋社会素养	主权知识	海洋教育推进中的主权知识显示度	时间,2015~2019年;来源,网站;备注,该指标为观察指标,2020年评价时不计分,但会关注各机构海洋教育素养构成状况
		海洋社会	海洋教育推进中的海洋社会显示度	时间,2015~2019年;来源,网站;备注,该指标为观察指标,2020年评价时不计分,但会关注各机构海洋教育素养构成状况
		法治思维	海洋教育推进中的法治思维显示度	时间,2015~2019年;来源,网站;备注,该指标为观察指标,2020年评价时不计分,但会关注各机构海洋教育素养构成状况
	海洋人文素养	文史底蕴	海洋教育推进中的文史底蕴显示度	时间,2015~2019年;来源,网站;备注,该指标为观察指标,2020年评价时不计分,但会关注各机构海洋教育素养构成状况
		海德锻造	海洋教育推进中的海德锻造显示度	时间,2015~2019年;来源,网站;备注,该指标为观察指标,2020年评价时不计分,但会关注各机构海洋教育素养构成状况
		厚植海美	海洋教育推进中的厚植海美显示度	时间,2015~2019年;来源,网站;备注,该指标为观察指标,2020年评价时不计分,但会关注各机构海洋教育素养构成状况
	海洋科学素养	科学精神	海洋教育推进中的科学精神显示度	时间,2015~2019年;来源,网站;备注,该指标为观察指标,2020年评价时不计分,但会关注各机构海洋教育素养构成状况
		自然海洋	海洋教育推进中的自然海洋显示度	时间,2015~2019年;来源,网站;备注,该指标为观察指标,2020年评价时不计分,但会关注各机构海洋教育素养构成状况
		探索海洋	海洋教育推进中的探索海洋显示度	时间,2015~2019年;来源,网站;备注,该指标为观察指标,2020年评价时不计分,但会关注各机构海洋教育素养构成状况

续表

一级指标	二级指标	三级指标	指标说明	指标采集时间、来源及备注
主题力	海洋生态素养	勤于实践	海洋教育推进中的勤于实践显示度	时间,2015~2019年;来源,网站;备注,该指标为观察指标,2020年评价时不计分,但会关注各机构海洋教育素养构成状况
		人海共生	海洋教育推进中的人海共生显示度	时间,2015~2019年;来源,网站;备注,该指标为观察指标,2020年评价时不计分,但会关注各机构海洋教育素养构成状况
		资源保护	海洋教育推进中的资源保护显示度	时间,2015~2019年;来源,网站;备注,该指标为观察指标,2020年评价时不计分,但会关注各机构海洋教育素养构成状况
		海洋环境	海洋教育推进中的海洋环境显示度	时间,2015~2019年;来源,网站;备注,该指标为观察指标,2020年评价时不计分,但会关注各机构海洋教育素养构成状况
管理力	不端行为	海洋教育中的不端	在海洋教育实施过程中,存在有违中央现行基本方针政策的行为,或存在情节严重的不端行为	时间,2015年至今;来源,相关政府和机构网站,评价机构接到举报后核实的信息等;备注,该指标为扣分指标,无不端行为得"0"分,存在问题进行扣分
	专业队伍建设	海洋教育管理队伍	比较明确的海洋教育领导机构和管理团队	时间,2015年至今;来源,网站;备注,该指标为观察指标,2020年评价时不计分,但会关注各管理队伍建设情况,为开展后续评价做准备
		海洋教育教师队伍	专业的实施海洋教育的师资队伍或相关人员	时间,2015年至今;来源,网站
		海洋教育受众队伍	接受该机构海洋教育的人数	时间,2015年至今;来源,网站
		海洋教育科研队伍	科研队伍人员的年龄、学历、地区、机构构成等情况	时间,2015~2020年;来源,网站;备注,该指标为观察指标,2020年评价时不计分,但会关注各机构海洋教育研究队伍建设情况,为开展后续评价做准备
	活动开展	制度建设	规范的机构内部海洋教育系列文件	时间,2015年至今;来源,网站
		海洋教育模式	特色化、多元化的海洋教育模式	时间,2015年至今;来源,网站
		海洋教育典型案例	有比较典型的海洋教育案例	时间,2015年至今;来源,网站
		海洋教育课程标准	具有海洋教育课程标准和自定海洋教育标准	时间,2015年至今;来源,网站

一级 指标	二级 指标	三级指标	指标说明	指标采集时间、来源及备注
管理力	活动开展	教材体系建设	有自编的海洋教育教材及使用情况	时间,2015年至今;来源,网站
		科学研发	有主持的海洋教育课题及相关教学教研活动,并形成一定的影响力	时间,2015年至今;来源,网站
		海洋教育活动规范	海洋教育活动开展常规化、规范化,具有可持续性	时间,2015年至今;来源,网站
	信息化建设	网站建设	网站建设、网站内容完备性及更新情况	时间,2020年6月;来源,评价机构采集各机构网站建设情况
		微信公众号	微信公众号建设和信息发布状况	时间,2020年6月;来源,从各机构微信公众号采集数据
影响力	教育影响力	海洋教育受众占比及影响力	海洋教育受众在总体受众中的比例,对受众的教育影响	时间,2015~2019年;来源,网站
		海洋教育教学案例影响力	海洋教育教学案例的价值及传播影响力	时间,2015~2019年;来源,网站
		海洋教育效果影响力	海洋教育在政府、社会等机构的效果影响力	时间,2015~2019年;来源,网站
		海洋教育科研影响力	海洋教育论文、著作、成果奖及海洋教育课题的数量和级别	时间,2015~2019年;来源,网站
		海洋教育团队的建设	是否有海洋教育团队及其开展活动的状况	时间,2015~2019年;来源,网站
	社会影响力	参与社会海洋教育	机构参与社会海洋教育情况	时间,2015~2019年;来源,机构网站;备注,该指标为观察指标,2020年评价时不计分

续表

一级指标	二级指标	三级指标	指标说明	指标采集时间、来源及备注
影响力	社会影响力	网络显示度	网络传播力	时间,2015~2019年;来源,机构网站;备注,该指标为观察指标,2020年评价时不计分,但会关注网络传播情况
		与国家海洋战略的联系	关注并融入国家海洋强国战略、"一带一路"倡议等,并积极宣讲	时间,2015~2019年;来源,机构网站;备注,该指标为观察指标,2020年评价时不计分,但会关注网络传播情况
	国际影响力	对受众国际视野和竞争力的培养	海洋教育内容上对国际视野和竞争力的培养	时间,2015年至今;来源,机构网站;备注,该指标为观察指标,2020年评价时不计分
		英文传播	机构涉海教育材料的英文材料及其国际传播	时间,2015年至今;来源,机构网站

注:指标体系设置一票否决指标、计分指标、扣分指标和观察指标,各指标统计时间及数据来源有所不同,各指标按照四大机构类别赋权重计分。

品牌力指标是由机构获奖状况、海洋教育目标定位、同行评议三个二级指标构成的。机构获奖状况包括海洋教育机构本身和其成员的各类获奖;海洋教育目标定位反映了海洋教育机构的性质,从契合度、开放度、涉海度三个层面考查;同行评议是衡量海洋教育机构在同类机构中水平、层次的重要指标,主要由专家委员、推荐专家、科研人员、政府管理人员组成。

主题力以海洋素养为理论基础,从海洋社会、海洋人文、海洋科学、海洋生态四个方面展开。海洋社会素养关注海洋教育机构在主权知识、海洋社会、法治思维领域的基本能力;海洋人文素养关注海洋教育机构的人文历史知识、海洋精神品质和海洋审美能力;海洋科学素养关注海洋教育机构在塑造科学精神、学习自然海洋、探索现实海洋方面的能力;海洋生态素养关注海洋教育机构在资源环境保护、生态实践、人海共生理念等方面的表现。主题力指标内容需要长期观察和评估,因此2020年在中国海洋教育机构评价时不计入总分,但会关注各机构海洋教育素养的构成状况。

管理力是指海洋教育机构在专业队伍建设、活动开展、信息化建设方面的能力。专业队伍建设包括海洋教育管理队伍、海洋教育教师队伍、海洋教育受众队伍、海洋教育科研队伍四个方面;海洋教育机构活动的开展需要关注制度建设、教育模式、典型案例、课程标准、教材体系、科学研发、活动规范七个方面的内容;信息化建设指海洋教育机构在互联网时代网站建设和微信公众号运营的情况。此外,对涉海教育机构实行一票否决制。在海洋教育实施过程中,存在有违中央现行基本方针政策的行为,或存在情节严重的不端行为,则该机构失去被评价资格。

影响力指海洋教育机构在教育、社会、国际三领域的知名度。其中教育影响力是最关键的内容,包括海洋教育受众、海洋教育教学案例、海洋教育效果、海洋教育科研、海洋教育团队建设五个层面;社会影响力主要围绕涉海机构参与社会海洋教育情况、网络传播力以及与国家海洋战略的联系展开;国际影响力关注涉海机构在海洋教育内容上对国际视野与竞争力的培养和相关材料的英文传播。

学校、社会、政府、研究四类海洋教育机构在品牌力、主题力、管理力、影响力四项一级指标中的比例权重也有差别(见表2),这是由各类机构的性质特点和一级指标的内容共同决定的。

表2　中国海洋教育各类机构评价指标权重

单位:%

机构类型	品牌力	主题力	管理力	影响力
学校类	25	30	25	20
社会类	30	20	30	20
政府类	20	20	30	30
研究类	40	15	15	30

学校类海洋教育机构以幼儿园、小学、初中、高中、高等院校为主,教育对象为各年龄阶段的学生,具有数量庞大、接受能力强等特点。学校以提高学生的海洋素养为主要目标,因而在主题力方面所占权重最大,品牌力和

管理力次之。

社会类海洋教育机构由海洋馆、涉海类博物馆、其他各类水族馆及海洋体验场所组成，主要面向社会普通大众，教育对象具有水平参差不齐、分布零散的特点，因而在品牌力和管理力方面所占权重最大，主题力和影响力次之。

政府类海洋教育机构是指国家和地方各级政府的海洋管理及相关职能机构，主要发挥决策、服务、保障等功能，具有规范化、严谨化的特点，因而在管理力和影响力方面所占权重最大。

研究类海洋教育机构以高校及其他单位有关海洋教育研究的机构为主，具有专业化、科学化的特点，其研究人员数量少、能力强，研究成果应用于社会，服务于大众，因而品牌力所占权重最大。

依据客观性、科学性和可观测原则建立的中国海洋教育机构评价指标体系（2020版）适用于海洋教育机构评价的总体构想，但在具体的评价过程中，不同类型的海洋教育机构可以根据自身和涉海机构的多寡情况进行评价指标的调整。

海洋教育机构评价是实施海洋强国战略、落实"一带一路"倡议的重要保证，是强化海洋教育科学管理、实现海洋资源整体优化的重要环节，也是提高海洋教育质量的有效手段。

附　　录

Appendix

B.11
2019年海洋文化大事记

一　政策法规

2019年1月16日，广东省人大常委会批准通过《江门市海上丝绸之路史迹保护条例》，旨在进一步规范和促进江门市海上丝绸之路史迹保护，于3月1日起正式实施。

2019年3月13日，山东省人民政府办公厅印发《数字山东2019行动方案》，部署4个方面21项举措，提出要"发展智慧海洋产业"，加快推进数字山东建设。

2019年5月21日，福建省发改委等10部门联合印发《关于促进邮轮经济发展的实施方案》，提出着力打造"海丝邮轮"品牌，推动邮轮经济产业链成为经济增长新亮点。

2019年7月26日，福建省十三届人大常委会第十一次会议批准了《莆田市湄洲岛保护管理条例》，旨在结合湄洲岛实际，保护和改善湄洲岛环

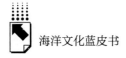

境、传承和弘扬优秀传统文化，把"妈祖故里"湄洲岛建设成为生态岛、旅游岛。

2019年8月9日，《中共中央　国务院关于支持深圳建设中国特色社会主义先行示范区的意见》发布。意见明确提出，支持深圳加快建设全球海洋中心城市，按程序组建海洋大学和国家深海科考中心，探索设立国际海洋开发银行。

2019年8月27日，浙江省发改委等部门发布了《浙江省海岛大花园建设规划》。规划明确提出，实施"生态护岛""旅游兴岛""绿色用岛""设施联岛""创新活岛"五大行动，打造展现浙江海岛风情的十大海岛公园，推进沿海岛屿串"珠"成链的全域旅游发展。

2019年10月10日，山东省海洋局出台了《省级海洋意识教育示范基地管理暂行办法》，对省级海洋意识教育示范基地的有关事项进行了规范明确，旨在进一步推进省级海洋意识教育示范基地科学化、规范化、制度化管理。

二　学术会议

2019年1月10日，由海南大学法学院主办的百年南海疆文献资料的发掘与整理研究研讨会暨国家社科基金重大项目开题论证会在海南省海口市召开。会上，就"百年南海疆我国南海权益主张官方文献资料的发掘与整理研究"等5个子课题进行了讨论。

2019年3月30日，"海洋与中国研究"国际学术研讨会在福建省厦门大学举办，来自国内外的近200名学者参加。在6场大会演讲环节，36位海内外知名学者围绕"海洋与中国"主题，就海洋史的理论方法，海洋中国制度框架变迁，中国海洋史学科体系、学术体系和话语体系创新等问题各抒己见。

2019年4月2日，由中国海洋发展研究中心和中国海洋大学共同主办的"海洋强国与海洋文化遗产"学术研讨会在山东省青岛市召开。此次会议为第八期中国海洋发展研究论坛，国内外知名专家学者围绕海洋文化和海上丝绸之路等话题交流研讨，为我国海洋事业发展建言献策。

2019年5月11日，由南京市对外文化交流中心、中共南京市建邺区委宣传部主办的"丝路相织，衣袖传情——海上丝绸之路"国家特色服饰文化论坛在江苏南京河西举办。此次论坛是一场以"服饰和文化"为主题的世界性交流盛会，通过"一带一路"国家间不同文化服饰的特色展示与交流，共同探讨了"一带一路"沿线国家的文化差异，并找到了这种文化差异带来的各国文化的融合。

2019年5月11日，2019年"海洋社会与文化"工作坊在广州大学举办。此次学术工作坊由广州大学公共管理学院社会学系与广州市社会工作研究中心联合主办。工作坊以"海洋社会与文化"为主题，邀请来自国内不同高校不同学科但感兴趣和致力于海洋研究的专家学者，开展深入交流和研讨。

2019年5月13日，2019"海上丝绸之路"保护和联合申报世界文化遗产城市联盟联席会议在江苏省南京市召开。会议审议并通过澳门、长沙加入城市联盟。目前，中国"海上丝绸之路"保护和联合申报世界文化遗产的城市已有26个。

2019年6月15日，大航海时代与21世纪海上丝绸之路海峡两岸学术研讨会在福建省厦门市海沧区举行。来自海峡两岸的高校和研究机构，以及新加坡、马来西亚、巴西等国家和地区的百余名专家学者与会。专家学者们就大航海时代与海峡两岸关系、郑和下西洋、"一带一路"时代内涵等进行研讨。

2019年6月17日，由世界旅游城市联合会邮轮分会、亚洲邮轮港口协会主办的第七届中国（青岛）国际邮轮峰会在山东省青岛市开幕。本届峰会以"推动中国邮轮旅游产业高质量发展"为主题，来自美国、德国、意大利、挪威、俄罗斯、新加坡、菲律宾等20多个国家和地区的600位嘉宾出席。

2019年6月22日，"新时代南海和平发展路径"学术研讨会在海南省

召开。与会专家学者汇聚一堂，围绕"海洋命运共同体与南海和平发展"等主题做了发言，分享了相关研究成果。

2019年6月27日，由世界自然基金会联合深圳市一个地球自然基金会主办的"蔚蓝星球"海洋研讨会在广东省深圳市举办，研讨会主题为"可持续的海洋保护"。与会专家学者分别就"无塑料海洋""保护珍稀濒危海洋生物及其栖息地""可持续渔业"3个议题开展了交流讨论，分享了各自在海洋保护、海洋科研、海洋科普宣传等方面的成果。

2019年8月9日至11日，首届亚太休闲船艇峰会在山东省青岛市国际会议中心召开。此次会议是2019第十一届青岛国际帆船周·青岛国际海洋节海洋文化和休闲旅游板块的重要内容。峰会以"构建海洋命运共同体、推进休闲船艇产业发展"为主题，与会专家学者结合各地情况就推进船艇公共码头建设、简化船舶登记手续、推动休闲船艇租赁等进行了深入交流探讨。

2019年8月15日，2019年中国（北部湾）海洋经济与文化旅游发展论坛在广西壮族自治区防城港市举办，此次会议是2019中国·北部湾开海节的重要组成部分。来自政、学、研、企等各界的600多名代表参加论坛，共同研究探讨海洋经济和文化旅游发展。

2019年8月21日至23日，2019海洋教育国际研讨会暨亚洲海洋教育者学会学术会议在山东省青岛市举行。会议以"海洋教育的理念与行动"为主题，旨在促进国内外海洋教育的改革与发展，加强海洋教育的交流，分享全球海洋教育的经验与成果。

2019年8月22日至23日，首届中国国际邮轮（配套）产业发展论坛暨展览会在上海市宝山区举办。旨在搭建中国大型邮轮配套产业交流大平台，探讨配套产业发展新路径，构建全供应链体系，推动中国大型邮轮产业健康发展。

2019年8月22日至27日，2019海峡两岸海洋教育教师交流活动在山东青岛中国海洋大学举办，活动中召开了2019海峡两岸海洋教育学术研讨会，两岸代表共90多人参加会议。本次研讨会共安排了22场学术报告，对近年来海峡两岸大中小学海洋教育探索与发展的成果进行了交流与分享。

2019年8月28日至30日，2019年国际海岛旅游大会在浙江省舟山群岛举行。会议以"新海岛、新场景、新动能"为主题。大会举办了文旅投融资闭门会、"一带一路，海上文旅融合"主论坛、"IP赋能，海岛目的地新思路"分论坛、"黑科技时代，'人、货、场'的重新洗牌"平行论坛及国际海岛文旅产业对接、国际海岛旅游博览会等主题活动。

2019年9月4日，第八届东北亚旅游论坛在吉林省延边州珲春市召开，来自中国、俄罗斯、韩国、蒙古国等东北亚区域国家的政府官员、专家学者、旅游企业负责人等500余人与会，各方围绕"发展海洋旅游，构建环海旅游经济带"进行了积极交流。

2019年9月5日，以"交流互鉴，开放融通"为主题的2019东亚海洋合作平台青岛论坛在青岛市西海岸新区开幕。来自30个国家和地区的海洋领域专家、经济学家、艺术家、企业家等近400位嘉宾出席开幕式，共同探讨深化各国、各地区在海洋经济、科技、人文、环保等领域的交流合作。

2019年9月16日，第十五届中国海洋论坛在浙江省象山县开幕。论坛由中国太平洋学会、宁波市人民政府主办，象山县人民政府承办，以"创新海洋蓝色经济绿色发展模式　推进海洋经济高质量发展"为主题。

2019年10月19日至20日，第五届"海洋文明"学术研讨会在上海师范大学徐汇校区举行。会议以"海洋文明的碰撞与交融：十六世纪以来文本与图像中的环太平洋世界"为主题，对海图、地图、地志图、博物画、器物纹饰等各类图像资料进行了深入解读，从海路商贸、生态交流、米粮海运、沙洲变迁、地方社会、佛教传播、大众文化、地名意向等多角度进行了专题研究。

2019年10月24日，自然资源部海洋发展战略研究所主办的海洋发展战略年会（2019）在北京召开。本届年会以"构建海洋命运共同体，加快建设海洋强国"为主题，专家们围绕海洋命运共同体理念提出的时代背景、内涵、构建模式、路径和举措等方面展开讨论。

2019年11月4日至6日，第四届中韩海洋法与海洋合作学术研讨会在

重庆举办。中韩两国专家围绕海洋法最新发展、海洋资源开发与海洋划界中的公平原则等议题进行了深入研讨。

2019 年 11 月 9 日至 10 日，由中国海外交通史研究会、国家文物局水下文化遗产保护中心、中山市社会科学界联合会、中山市火炬开发区管委会、广东省社会科学院海洋史研究中心联合主办的"大航海时代珠江口湾区与太平洋—印度洋海域交流"国际学术研讨会暨"2019 海洋史研究青年学者论坛"在中山市召开。来自美国、德国、奥地利、法国、日本、澳大利亚以及中国内地、港澳台地区的学者百余人参加会议。会议期间还举行了庆祝广东省社会科学院海洋史研究中心成立十周年、《海洋史研究》（1～10 合集）首发及赠书的仪式。

三　机构平台

2019 年 1 月 8 日，南方海洋科学与工程广东省实验室（广州）在广州揭牌。

2019 年 1 月 15 日，中国科学院正式发布地球大数据共享服务平台，旨在为用户提供对地观测、生物生态、大气海洋、生物物种、微生物资源等多领域数据。

2019 年 1 月 28 日，山东科技大学与自然资源部第一海洋研究所共建的海洋科学与工程学院成立。学院是山东科技大学的第 19 个二级学院，也是这所工科优势突出、行业特色鲜明的科技大学第一个向海而兴的学院。

2019 年 1 月 28 日，2018～2022 年教育部高等学校海洋科学类专业教学指导委员会在青岛成立。

2019 年 3 月 22 日，《教育部关于"区域污染控制"等国际合作联合实验室立项建设的通知》下发，哈尔滨工程大学与葡萄牙里斯本大学联合建设的"船舶与海洋工程技术国际合作联合实验室"获批立项建设，这是国内航海领域获批的首个国际合作联合实验室。

2019 年 3 月 28.日，由中国社会科学院"一带一路"研究中心、中信改革发展研究基金会、中国社会科学院大学欧亚高等研究机构共同编撰的《"一带一路"建设发展报告（2019）》蓝皮书在北京发布。

2019年3月30日，中国海洋学会第八届四次理事会暨2019年度工作会上，审议通过了增设中国海洋学会海洋研学工作委员会。研学工作委员会的成立，将有效推动中小学海洋意识教育，在推广和普及海洋科学知识方面拓宽渠道和平台。

2019年4月9日，北京大学海洋研究院在北京举行"南海战略态势感知"平台上线发布会，并发布了平台的首份研究报告——《南海局势：回顾与展望》。该报告全面、客观地掌握了南海的动态和资讯，准确感知南海的政治、经济、环境等态势。

2019年4月24日，中国知识产权发展联盟海洋产业专业委员会揭牌，正式落户山东省青岛市。

2019年5月6日，华侨大学海上丝绸之路研究院、社会科学文献出版社共同发布了海丝蓝皮书《21世纪海上丝绸之路研究报告（2018～2019)》。该书反映了中国"海丝"建设前沿领域的发展情况，致力于打造"一带一路"特别是"海丝"研究的专业化、权威性年度报告。

2019年5月12日，福建师范大学主导建设的海洋生物医药与制品产业化开发技术公共服务平台完成项目建设。3年来，该平台汇集了来自福建师范大学南方海洋研究院等单位的20多位专家教授，组成科研服务团队，助力"海上福州"建设。

2019年5月16日，中国海洋可再生能源管理服务平台上线试运行。该平台是2016年海洋能资金项目"海洋能资源数据服务系统建设"的一项重要成果，在全面收集、整合、集成我国海洋能资源调查和评估、示范工程建设等研究成果的基础上，设计开发了一套集纳各类海洋能数据、图件、报告、专项等信息的综合管理系统。

2019年6月22日，江苏省人民政府正式发出通知，为贯彻实施海洋强国战略，进一步提升海洋人才培养和科学研究水平，决定将淮海工学院更名为江苏海洋大学。

2019 年 7 月 5 日，由自然资源部第一海洋研究所、国家海洋信息中心、中国科学院兰州文献情报中心、青岛海洋科学与技术试点国家实验室联合编制的《国家海洋创新指数报告 2019》在山东省青岛市召开专家评审会。该报告对全球海洋创新能力、国际海洋科技创新态势和青岛海洋科学与技术试点国家实验室创新发展进行了专题分析。

2019 年 7 月 18 日，广西壮族自治区防城港市港口区海洋创新创业示范基地挂牌成立。该示范基地旨在建立海洋科技创新展示区、科技成果转化平台，培育和壮大广西海洋产业人才队伍，辐射带动沿海产业发展，提升港口区海洋经济、生态效益。

2019 年 7 月 26 日，辽宁省海洋产业技术创新研究院成立大会在辽宁省大连市举行。该研究院将整合辽宁全省高等院校、科研院所和海洋企业的优势创新资源，支撑辽宁省海洋产业发展和海洋强省建设。

2019 年 7 月 30 日，山东海洋产业协会与中澳创新中心在山东省青岛市签订战略合作协议。双方将在国际创新项目、国际人才交流、国际创新技术研发等方面深入合作，以强化中澳两地海洋产业资源要素对接，打造国际资源整合平台和跨境创新合作平台。

2019 年 8 月 27 日，浙江海洋大学与中国移动舟山分公司签署《加快推进数字校园战略合作协议》，并举行 5G 海洋联创中心揭牌仪式。双方将搭建合作桥梁，全面深入开展合作，加强新技术应用，着力打造"5G + 海洋"生态链。

2019 年 9 月 10 日，在第六届中国（连云港）丝绸之路国际物流博览会期间，苏鲁豫皖海河联运港际联盟成立。四省将深入落实内河水运发展行动方案，进一步推动京杭运河、连申线、淮河、沙颍河等航道的升级扩容，力争实现区域成网、通江达海的目标。

2019 年 9 月 18 日，深圳市教育局官网刊发《关于公开招标遴选深圳海洋大学办学方案项目承办机构的公告》，宣布公开招标遴选深圳海洋大学办学方案研制和论证项目承办机构，标志着深圳海洋大学正在加快建设。

2019 年 10 月 14 日，作为 2019 中国海洋经济博览会的重要活动之一，共建中国海洋大学深圳研究院框架协议签约仪式在深圳市举行。中国海洋大学深圳研究院将分期建设"三实验室、一中心、一智库",即海洋生物资源、海洋高端仪器装备、海洋生态环境实验室,智能海洋大数据中心和蓝色智库。

2019年10月20日,在首届跨国公司领导人青岛峰会举办期间,山东海洋产业协会知识产权运营平台专家智库正式揭牌。这是国内首家海洋知识产权专家智库,该平台汇聚全球海洋领域的"核心专利、尖端技术、高端人才、优势企业"等创新资源,为海洋知识产权成果的法律保护、商业合作、产业转化、资本运营提供资源支撑与专业服务。

2019年10月28日,在2019青岛国际标准化论坛上,中国海洋设备检验检测联盟成立。该联盟联合中国海洋设备产业链条中"产、学、研、检、用、金"优势资源,推动中国海洋设备自主创新技术突破、试验检测技术升级、标准体系完善,共同研究建设能够支撑中国海洋设备产业发展的质量技术体系,建设海洋设备领域国家质量技术基础一站式服务与一体化创新体系,开展国际互认,为中国海洋设备产业"走出去"提供技术支撑。

2019年10月29日,海峡两岸南岛语族考古教学实习基地在福建省平潭综合实验区揭牌。基地将致力于加强南岛语族研究领域两岸学术教学交流和人才培养,积极开展南岛语族考古研究与对台交流合作,打造两岸南岛语族涉台研究教学、学术交流和研究成果传播应用平台,积极邀请台湾学界人士到平潭开展考古学术交流,围绕南岛语族起源及扩散、东南沿海史前文化交流等,开展学术课题合作。

2019年10月30日,青岛科技大学与中国水产科学研究院黄海水产研究所合作共建青岛科技大学海洋学院签约暨揭牌仪式在青岛举行。青岛科技大学海洋学院的成立,是山东省央地联合、实现海洋科技资源优化配置的成功实践和重大举措,将进一步推动高层次海洋科技创新人才的培养,为山东省海洋科技创新能力提升、海洋经济高质量发展注入新的活力和动力。

2019年11月2日,山东青岛市海洋船舶与海工装备产业联盟成立,来自全市船舶与海工装备领域的设计研发、生产制造、配套服务企业以及有关

科研、金融机构等57家单位成为首批会员。该联盟将致力于打造全市海洋船舶与海工装备领域"政、产、学、研、金、服、用"的一体化创新平台，构建良好的产业发展生态，拉长产业链条，推动全市海洋船舶与海工装备产业升级发展。

2019年11月9日，中国海洋大学三亚海洋研究院在三亚市崖州湾科技城揭牌，标志着中国海洋大学正式入驻海南三亚深海科技城。中国海洋大学三亚海洋研究院先期将重点建设热带海洋生物遗传育种技术领域、海洋资源开发工程与环境保护技术领域实验室和深远海立体观测网支撑保障与信息服务基地。

2019年12月10日，我国首本关于海洋文化的蓝皮书——海洋文化蓝皮书《中国海洋文化发展报告（2019）》正式出版，由自然资源部宣传教育中心、福州大学、福建省海洋文化研究中心共同主编。

四　风俗庆典

2019年2月20日，第五届潍坊北海民俗祭海节典礼仪式在山东省潍坊市滨海区欢乐海沙滩如期举行，活动吸引了当地渔民、盐民代表以及各地群众、游客共计800余人相聚祭海节现场，共同祈愿新的一年四海平安、风调雨顺、渔盐丰产。

2019年3月30日，北京海洋馆启动蔚蓝海岸守护行动，旨在传播海洋科普知识，宣传海洋保护理念。与此同时，为响应世界自然基金会"地球一小时"的号召，该馆还开展了"零照明、零分贝"条件下的"海洋一小时"体验活动。

2019年4月5日，第十届"老虎滩海鸟保护节"关爱海鸟公益活动在辽宁省大连市老虎滩海洋公园正式拉开序幕。活动当日，近千名游客聆听鸥鸣，喂食海鸟，近距离地观察、亲近海鸟，充分感受人与自然的和谐共生。

2019年4月9日，由辽东省营口市人民政府主办、鲅鱼圈区人民政府和营口市农业农村局承办的中国北方（营口）鲅鱼圈开渔节在辽宁省营口市鲅鱼圈山海广场拉开序幕。开渔节期间，主办方推出了祈福、祭海、渔品拍卖、海鲜大集、文艺演出、环保活动、主题摄影、短视频大赛等一系列活动。

2019年4月27日，以"关爱中华白海豚，维护生物多样性"为主题的第二届中华白海豚保护宣传日暨珠海长隆中华白海豚科普宣传月主题活动，在广东省珠海市长隆中华白海豚科普教育基地隆重举行。

2019年5月19日，由深圳市蓝色海洋环境保护协会和深圳市妇女儿童发展基金会共同主办的"第二届国际儿童海洋节·中国深圳"启动仪式，在广东省深圳市金沙湾举行。本届国际儿童海洋节以"海有未来"为主题，内容包含短视频大赛、海洋嘉年华、海洋科普教育论坛、"海洋之殇月垃圾艺术装置展"及持续一个月的公益服务活动等。

2019年5月22日，首届连岛渔嫂水饺大赛暨连岛渔村十大特色菜发布活动在江苏省连云港市连岛游客服务中心。

2019年6月6日，由自然资源部主办，自然资源部宣传教育中心、三亚市人民政府承办的2019年世界海洋日暨全国海洋宣传日主场活动在海南省三亚市举行。今年的海洋宣传日主题为"珍惜海洋资源，保护海洋生物多样性"，旨在进一步提高公众对节约利用海洋资源、保护海洋生物多样性的认识，为保护蓝色家园做出贡献。

2019年6月6日，海南省三亚万人清洁海滩公益活动在三亚市大东海广场开展，旨在促进全社会形成关心海洋、爱护海洋的良好氛围。

2019年6月6日，由辽宁省大连市自然资源局和大连海洋大学联合主办，辽宁省海洋产业校企联盟承办的大连市"2019年世界海洋日暨全国海洋宣传日"开幕式在大连海洋大学举行。

2019年6月6日，自然资源部南海局开展了2019年世界海洋日暨全国海洋宣传日系列活动。围绕"珍惜海洋资源、保护海洋生物多样性"主题，该局举行了"自然资源南海宣讲团"成立仪式、首场科普讲座、开放日等现场活动，以及"青春里的那片海"快闪、"我的海洋STYLE"短视频大赛等线上活动。

2019年6月6日至7月11日，为期35天的第五届上海临港海洋节在上海市临港地区举行。本届海洋节从世界航海日开始，以"扬帆海洋，拥抱未来"为主题，涵盖海洋文化、海洋娱乐、海洋产业3大板块活动。

2019年6月9日，由广东省深圳市规划和自然资源局、深圳市广电公益基金会主办，广东海洋大学深圳研究院、深圳市少年宫承办的2019年世界海洋日暨全国海洋宣传日深圳市主会场活动举行。本次活动主题是"珍爱蓝色家园 筑梦生态鹏城"，旨在进一步增强市民的海洋意识，弘扬海洋精神，传播海洋文化知识。

2019年6月9日，第十一届海峡论坛·妈祖文化活动周在妈祖故里福建省湄洲岛启幕。此次活动周以"中华妈祖情 两岸一家亲"为主题，以图片展、恳谈会、妈祖民俗活动等系列活动，纪念台湾渔船直航湄洲岛朝拜妈祖30周年，两岸亲历者共同"忆往昔"、畅快"话未来"。

2019年6月12日，由广东省自然资源厅、自然资源部南海局、珠海市人民政府主办的广东省2019年世界海洋日暨全国海洋宣传日活动（珠海）主会场活动在珠海市港珠澳大桥口岸人工岛举行，标志着广东"珍惜海洋资源 保护海洋生物多样性"暨广东陆海统筹主题宣传月活动正式拉开序幕。

2019年6月15日，第十一届海峡论坛·第二十八届海峡两岸（福建东山）关帝文化旅游节在福建省漳州市东山县开幕。作为海峡论坛的子项目，本届东山关帝文化旅游节延续"缘系关帝、和谐两岸"的主题，旨在为两岸旅游、文化、体育、海洋、经济领域合作建立重要的纽带。

2019年6月20日，第四届鲎科学与保护国际研讨会暨北部湾滨海湿地生物多样性保护研讨会在广西壮族自治区北海市闭幕。会议中，世界自然保护联盟物种存续委员会鲎专家组联合主席Mark Botton代表鲎保护者发布，将每年的6月20日定为"国际鲎保育日"。来自全球18个国家及地区的代表通过并发布了《全球鲎保护北部湾宣言》，呼吁社会各界联动保护鲎资源。

2019年6月23日，2019辽宁夏季旅游主题系列活动暨锦州海洋文化旅游节（夏季滨海旅游季）启动仪式在辽宁省锦州市隆重举行。该旅游节以"文随旅行消夏游，纳凉避暑辽宁行；中国渤海最北岸，消夏避暑锦州湾"为主题，致力于打造"海洋＋文化＋体育＋娱乐＋美食"文旅体融合、深度体验的旅游盛宴。

2019年6月27日，第二届梅沙国际珊瑚节在广东省深圳市盐田区开幕。本次珊瑚节以"美丽珊瑚 美好湾区"为主题，开幕仪式上正式发布了《2019梅沙护海公约》，呼吁广大市民保护海洋，和平、公平、可持续地利用海洋的馈赠。

2019年7月3日，2019年北京海洋沙滩嘉年华在朝阳公园开幕。

2019年7月6日，由江苏省文化和旅游厅、连云港市人民政府主办，中共连云港市委宣传部、连云港市文化广电和旅游局、连云港市文学艺术界联合会、连云港市广播电视台承办的2019连云港之夏旅游节在连云港市体育中心盛大开幕。本届活动以"乐享西游文化 畅游山海港城"为主题，旨在充分挖掘港城山海资源和文化内涵。

2019年7月11日是第十五个中国航海日。今年的主题是"推动航运业高质量发展"。航海日当天，《2019年中国航海日公告》发布，回顾新中国成立70年来我国航海和海洋事业发展成就。

2019年7月11日，农历六月初九，海洋民族京族在广西防城港东兴万尾举行特有的民族传统盛典——哈节，来自中越两国的京族民众和游客共同欢庆京族一年之中最隆重的传统节日。哈节是京族人民一年之中最隆重、最热闹的传统节日之一，也是京族独有的民族文化传统。

2019年7月19日，2019大连国际沙滩文化节在辽宁省大连市金石滩国家旅游度假区开幕。本届沙滩文化节尤其注重市民游客的主体地位，让市民游客吃、喝、玩、乐、游，"嗨"在金石滩，进一步提升金石滩、金普新区乃至大连的美誉度，打造东北地区乃至东北亚旅游的风向标。

2019年7月19日，第二十一届中国舟山国际沙雕节在浙江省舟山市朱家尖南沙景区开幕。本届沙雕节以"漫游南沙"为主题，来自国内外的30余名沙雕师创作了50余个沙雕作品。

2019 年 8 月 9 日，第十一届青岛国际帆船周·青岛国际海洋节在山东省青岛市奥帆中心开幕。本届帆船周·海洋节突出"七赛一营"，涵盖 7 大板块，约 50 项赛事和交流、文旅、商贸活动。

2019 年 8 月 16 日至 31 日，2019 中国·北部湾开海节在广西壮族自治区防城港市举行。今年的开海节以"吃生猛海鲜，游生态港城"为主题，将与京族哈节等一系列海洋文化活动共同举办，为海内外游客提供体验滨海特色文化旅游活动的平台。

2019 年 9 月 8 日，由中国海洋发展基金会主办，深圳市蓝色海洋环境保护协会承办的第三届全国净滩公益活动暨第十五届深圳国际海洋清洁日活动在深圳市举行。大连、青岛、三亚、南沙、东营、宁波、日照、杭州、秦皇岛、北海等国内 30 多个沿海城市分会场也同步组织清洁海洋活动，全国近万名志愿者踊跃参加。

2019 年 9 月 16 日，第二十二届中国（宁波象山）开渔节在举行。本届开渔节作为 2019 中国农民丰收节系列活动之一，倡导善待海洋就是善待人类自己的海洋环保理念，举办了系列活动。

2019 年 9 月 19 日，第八届上海邮轮游艇旅游节在虹口区北外滩上港邮轮城拉开序幕。本届上海邮轮游艇旅游节将围绕"甜蜜爱·情之城"这一主题，结合上港邮轮城国家 4A 级景区的特色景点及文化内涵，向世界展示上海这座城市的国际形象。

2019 年 9 月 22 日至 10 月 11 日，2019 上海邮轮文化旅游节以"邮轮 + 文化、旅游、科技"等跨界融合，围绕"水岸联动""国际论坛""文化荟萃"三大主题带来一系列丰富多彩的体验活动。

2019 年 10 月 7 日，妈祖故乡福建省莆田市湄洲岛举行妈祖羽化升天 1032 周年纪念日盛大纪念活动。马来西亚麻坡天后宫，印度尼西亚林氏宗亲会，台北北港朝天宫、新港奉天宫、台湾圣母三妈协会，以及闽南地区 180 家宫庙共襄盛举，数万名海内外妈祖信众共同观礼。

2019 年 10 月 31 日至 11 月 2 日，第四届世界妈祖文化论坛暨第二十一届中国·湄洲妈祖文化旅游节在福建莆田湄洲岛举行。本届论坛以"妈祖文化·海洋文明·人文交流"为主题,弘扬"立德、行善、大爱"的妈祖精神,旨在进一步促进两岸民间交流和文化旅游合作,推动与21世纪海上丝绸之路沿线国家、地区的人文交流,加快构建世界妈祖文化中心,助力构建人类命运共同体。

2019年11月1日,以"发展蓝色伙伴关系 构建海洋命运共同体"为主题的2019厦门国际海洋周在福建省厦门市拉开序幕。海洋周由国际海洋论坛及平行国际海洋会议、海洋产业招商推介及海洋展会、海洋文化嘉年华3大板块组成,来自"一带一路"沿线近40个国家和地区的500名代表参会。

2019年11月9日,第十三届中国·如东沿海经济合作洽谈会暨首届海洋滩涂文化周、第五届科技人才节在江苏如东举行。本届洽谈会共签约60个项目,其中产业类项目52个、创业创新项目8个,总投资超过309亿元。滩涂文化周期间,如东举办了国际风筝节、滩涂足球、海洋摄影展等丰富多彩的活动,向公众展示独具特色的海洋文化。

五 相关赛事

2019年1月6日,第十七届厦门马拉松锦标赛在福建省厦门市举行。这是全球第一个加入联合国环境规划署"清洁海洋"计划的马拉松赛。

2019年2月17日,由广东省自然资源厅、香港渔农自然护理署、香港海洋公园保育基金、澳门市政委员会和澳门海事及水务局联合举办的"清洁湾区我的家——2018粤港澳海洋生物绘画比赛",在香港海洋公园举行颁奖仪式。

2019年3月17日,东山岛国际半程马拉松赛在福建省金銮湾畔举行,吸引了20个国家和地区的近1万名运动员参赛。赛事以"纯净东山岛·浪漫一起跑"为主题,赛道沿途有渔船欢歌、海洋运动和独具特色的闽南建筑。

2019年3月30日,厦门(海沧)国际半程马拉松赛配套活动"蓝丝带

行动"红树林种植活动成功举办。本次活动以"我为蓝色海洋代言"为主题，参跑者在海沧湾嵩屿码头端栈桥区林地开展红树林种植活动。

2019 年 5 月 7 日至 9 日，第二届中国智能船艇挑战赛（内河段）将于在扬州市江都区举办，同期将举行国际标准化组织船舶与海洋技术委员会第四次"智能航运"工作组会议及 2019 年船舶和航运智能化国际论坛，为推广和展示智能船舶和智能航运的"中国方案"搭建平台。

2019 年 5 月 11 日，2019 上海邮轮港国际帆船赛在全球第四、亚洲最大的邮轮港口——上海市吴淞口国际邮轮港开幕。来自国内外的 16 支顶尖职业和业余帆船队参赛，在邮轮港下游水域赛道上展开了激烈的角逐。

2019 年 5 月 12 日，秦皇岛国际马拉松暨全国马拉松锦标赛在河北省秦皇岛市举行。本次大赛的主题是"激情马拉松 幸福秦皇岛"。

2019 年 5 月 21 日，2019 年环浙江舟山群岛新区女子国际公路自行车赛（嵊泗站）在浙江省舟山市嵊泗县开赛。此次比赛共吸引了来自美国、日本、越南、马来西亚、新西兰等国家的 15 支女子职业自行车队、90 余名运动员参赛。

2019 年 5 月 24 日，由世界帆船联合会、世界风筝板协会授权，中国帆船帆板运动协会、广西壮族自治区体育局和北海市人民政府主办的第二届全国青年运动会风筝板决赛、2019 年亚洲风筝板锦标赛和全国风筝板锦标赛（北海站），在广西壮族自治区北海市银海区侨港镇海滨浴场开幕。来自中国、意大利、俄罗斯、泰国、土耳其、美国等 17 个国家和地区的运动员参赛。

2019 年 6 月 19 日，2019 年全国青年帆板锦标赛在辽宁省大连市将军石中国帆船帆板训练基地落下帷幕。本届大赛共吸引来自海南、福建、浙江、四川等全国 15 个省市、百余名青年帆板运动员参赛。

2019 年 6 月 24 日，2019 年全国沙滩藤球锦标赛暨 2019 年亚洲沙滩藤球锦标赛选拔赛在浙江省舟山市朱家尖南沙景区开幕，12 支队伍 120 多名运动员参赛。该活动由国家体育总局小球运动管理中心、中国藤球协会、浙江省体育局及舟山市人民政府主办。

2019年7月9日，2019"临港杯"中国无人船公开赛在上海市临港滴水湖开赛。作为目前中国规模最大的智能无人船艇领域官方赛事，此次公开赛吸引了来自全国各地的20余支参赛队、共22艘智能无人船艇参赛。

2019年7月12日，2019中国航海日论坛帆船赛暨"芝士公园杯"一带一路全国帆船邀请赛开幕式在宁波市梅山湾万博鱼游艇会举行。本届帆船赛以"再扬丝路风帆，共筑蓝色梦想"为主题，倡导"绿色、环保"理念。

2019年7月14日，由厦门市人民政府与金门县政府联合主办，两岸各部门齐力合作的第十届厦金海峡横渡活动在台湾金门开幕。赛事由小金门双口村出发，至厦门椰风寨海域完赛，旨在搭建两岸民间体育交流平台，推动两岸民间活动的交流与合作。

2019年7月23日至28日，2019奥帆博物馆遥控帆船大奖赛在山东省青岛市奥帆中心举办。本次赛事是第十一届青岛国际帆船周·青岛国际海洋节系列赛事之一，由青岛旅游集团主办，青岛旅游文旅发展集团有限公司、奥帆博物馆承办，青岛海琴帆文化传媒有限公司协办，国家体育总局青岛航海运动学校和青岛市帆船运动管理中心共同支持。

2019年8月6日，中国智能船艇挑战赛发展研讨会暨海上争锋赛发布会在北京举行。海上争锋赛是我国在实际海域海况条件下举办的首个无人智能船艇竞赛，参赛团队将使用具备自主航行能力的船艇参赛。

2019年8月18日，海上云台山杯·2019连岛国际公开水域游泳挑战赛在江苏省连云港连岛大沙湾游乐园举行。赛事吸引了上海、山东、南京、徐州、淮安、青岛等全国各地千余名游泳爱好者参赛。

2019年8月26日，青岛市奥帆中心迎来了青岛港2019第四届远东杯国际帆船拉力赛第一段长航赛——"青岛至符拉迪沃斯托克"的起航仪式。在未来一周的时间里，参赛的8支赛队将航行1000多海里，展开一场"勇敢者"之间的较量。

2019年8月28日，浙江省第三届海洋运动会在台州市正式开幕。本届海运会共设置海岛、海滩（滩涂）和海上三大类别的赛事，共23个大项86个小项，包括传统竞技类、时尚休闲类、趣味类等各式项目。

2019 年 8 月 28 日，江苏省连云港市连云区在连岛大沙湾海滨浴场举行第三届渔民夏训运动会。运动会设置了巧织渔网、快撬牡蛎、齐力拖船、趣味运沙、渔哥背渔嫂、沙滩拔河等与渔业生产相关的趣味项目。渔民们在海滩上尽情欢乐，展示渔家风采。

2019 年 9 月 1 日，海南首届皮划艇横渡琼州海峡挑战赛举行，21 艘 5 米长的彩色皮划艇从海口市新埠岛碧桂园碧海银滩出发驶向海峡对岸。本次挑战赛有来自全国各地的 130 余位皮划艇运动专业选手和爱好者报名，经过甄选，21 位选手入围。

2019 年 9 月 19 日至 22 日，2019 年上海海洋大学国际大学生龙舟邀请赛在中国（上海）自由贸易试验区临港新片区举行。来自澳大利亚塔斯马尼亚大学、葡萄牙阿尔加夫大学、上海海洋大学等高校的共 11 支龙舟队近 200 人参加了比赛。

2019 年 9 月 20 日，全国农业（水产）行业职业技能竞赛选拔赛暨首届福建省水产技术推广职业技能竞赛在厦门市举行。竞赛由福建省海洋与渔业局、福建省人力资源与社会保障局、福建省总工会共同举办。

六　旅游展会

2019 年 1 月 7 日，由自然资源部宣传教育中心主办，青海师范大学承办的钓鱼岛历史与主权图片展在青海师范大学举办。本次活动以"普及钓鱼岛历史和主权的知识，提升当代高校学子及社会公众海洋意识"为主题，旨在深入学习贯彻海洋权益重要思想，在广大学生当中树立正确的现代海洋观念，加深理解国家海洋主权观，推动海洋事业繁荣发展。

2019 年 1 月 15 日，由欧洲议会欧中友好小组、中国航海博物馆、中国艺术摄影学会共同主办的"郑和下西洋"图片展在法国斯特拉斯堡欧洲议会总部开幕。展览以大量生动翔实的图片，反映了郑和七次下西洋的时间和路线、船队规模、到访国家、互赠礼物、往访国竖立的纪念碑和相关历史古迹，为欧洲议会带来了 15 世纪伟大的中国航海家郑和的故事。

　　2019 年 1 月 15 日，"乐土瓷韵"福建将乐窑文物展在北京大学赛克勒考古与艺术博物馆开幕。本次展览以"窑火千年""闽瓷钩珍""将乐窑想"为主题，比较完整地展示了将乐窑的发展历史以及制瓷工艺。

　　2019 年 4 月 11 日，"殊方共享——丝绸之路国家博物馆文物精品展"在国家博物馆开幕。来自"一带一路"沿线的 13 个国家的 234 件（套）古代文物精品，共同展现丝绸之路沿线及世界范围内各个历史时期文明之间的交流互鉴。湖南省长沙市铜官窑博物馆的 5 件（套）"黑石"号沉船出水文物一经亮相，再次让"黑石"号这条古沉船回归人们的视野。

　　2019 年 4 月 16 日至 6 月 16 日，由浙江美术馆、何创时书法艺术文教基金会（中国台湾）主办，中国美术学院、南京博物院、浙江省博物馆、浙江图书馆、天一阁博物馆共同协办的"心相·万象——大航海时代的浙江精神"展览在浙江美术馆举办。《坤舆万国全图》首次"走出"南京博物院，在此次展览中亮相。

　　2019 年 4 月 19 日至 21 日，第十五届海峡旅游博览会暨 2019 中国（厦门）国际休闲旅游博览会在福建省厦门市国际会展中心举行。本届展会以"融合发展、合作共赢"为主题，展会期间举办了"海峡两岸及港澳地区名导论剑""厦金两门旅游节"等活动，以增强两岸交流。

　　2019 年 4 月 22 日，由无境深蓝主办，百度百家号、《海洋世界》杂志联合发起的"壮美极境——海洋公益影像巡展"在北京开幕。展览通过图片、视频、线上科普、探险家分享等多元化的形式，带领观众感受极地之美，了解极地与海洋现状，一起用影像为地球发声。

　　2019 年 4 月 26 日，山东省日照市海洋科普馆经一年试运行后，正式向公众开放。该馆是以海洋科普教育为中心，融科技培训、学术报告、海洋科技展示、海洋文化宣传以及滨海旅游于一体的综合性科普场馆。

　　2019 年 5 月 1 日，由自然资源部和天津市人民政府共建的天津国家海洋博物馆试开馆，首批开放"远古海洋""今日海洋""发现之旅"和"龙的时代"4 个展厅，展览展示面积约 7000 平方米。

　　2019 年 5 月 16 日，"海丝路上的妙彩唐风——长沙博物馆藏唐代长沙

窑瓷器特展"在江苏省南京市博物馆多功能展厅开展。本次展览是南京市博物总馆近年来举办的"海丝"主题系列展览的重要组成部分,190件(套)长沙窑瓷器95%以上为首次对外展出。

2019年5月18日,"文物情怀:泉州海交馆建馆60周年捐赠文物精品展"在福建省泉州海外交通史博物馆举行。此次展览集中展示宗教石刻、瓷器、民俗器具以及中东地区的特色藏品等,再现"海丝"历史。

2019年6月6日,在广西壮族自治区海洋局、钦州市人民政府和北部湾大学联合主办的广西2019年"世界海洋日暨全国海洋宣传日"活动上,北部湾海洋文化博物馆正式揭牌。该馆由北部湾大学建设,是一间以广西北部湾地区海洋历史文化等为主题的综合性博物馆。

2019年6月14日,由中国航海博物馆、福州市博物馆共同主办的"器成走天下:'碗礁一号'沉船出水文物大展"在上海中国航海博物馆展出。该展览汇聚出水文物199件,其中绝大多数为清康熙年间民窑瓷器精品,是迄今规模最大、文物最多、内容最丰富的"碗礁一号"沉船主题展览。

2019年6月21日,由厦门市海洋发展局牵头主办的"喜迎新中国成立70周年'海堤精神'进校园"巡展活动在福建省厦门市翔鹭小学启动。老海堤建设者们亲临现场,和孩子们共同回顾"海堤往事"。

2019年7月5日,上海长兴岛博物馆七大主题之一——江海生态文化馆正式开馆。文化馆通过现代化的展示手段,结合数千件实物展品,系统地展示了长兴岛的历史文化、海洋生态文化。

2019年8月23日至25日,以"政策与实践——海洋休闲产业的新时代"为主题的2019世界海洋休闲产业博览会在山东省威海市国际展览中心举行。

2019年9月3日至2020年8月28日,国家海洋博物馆与中国文物报社联合举办了大型文物展览"无界——海上丝绸之路的故事"。来自故宫博物院、中国国家博物馆、中国美术馆等13家单位的共313件(套)珍贵历史文物一并展出,这些文物的背后均富含与海上丝绸之路相关的故事,多角度再现了海上丝绸之路的历史风貌。

2019年9月27日，由中国航海博物馆与中国（海南）南海博物馆联合推出的"南海人文历史——庆祝中华人民共和国成立70周年特展"在上海中国航海博物馆展出。本次展览展出了200余件（套）文物、标本、文献，以及多媒体、互动展项等。以时间为线，分为两汉南北朝时期、隋唐宋元时期、明清时期、民国时期和新中国成立后等5个部分，生动讲述了中华民族自古以来开发经营南海诸岛和相关海域，开辟海上丝绸之路必经的黄金水道的故事。

2019年10月15日，"闽澳世界记忆与海上丝绸之路"展览开幕式暨学术研讨会在澳门城市大学举行。展览展示了闽澳两地世界记忆项目福建"侨批档案"和澳门"汉文文书""天主教澳门教区档案文献""澳门功德林档案文献"等档案图片219件（组），反映福建和澳门作为古代海上丝绸之路重要节点，与世界其他地区文明交流交融、互联互通的历史。

七　教育研学

2019年1月1日，由自然资源部办公厅、共青团中央办公厅、海军政治工作部主办的第十一届全国海洋知识竞赛启动。本次竞赛的主题是"学知识、爱海洋"，参赛对象为全国范围内的本专科学生及社会公众。

2019年3月21日，山东省青岛市市南区2019年春季海洋科学实践项目在青岛市实验小学正式启动。在该区海洋教育联盟理事单位海洋试点国家实验室的支持下，"以海育人"研学讲堂第一讲开讲。近300名青岛市实验小学的学生参加了现场活动。

2019年4月14日，书香中国·北京阅读季·北京儿童阅读周——首届北京市中小学生"科普科幻与阅读"大赛决赛举行。本届大赛以"神奇的海洋生物"为主题，来自北京市的11所中小学校的百余名师生共同参与了这场科普阅读"盛宴"。

2019年4月22日，山东省青岛市嘉峪关学校启动了"海洋研学周"活动，将课堂搬进海洋世界。该活动以了解海洋生物多样性为主题，旨在培养

学生亲海、爱海、知海、探海的意识，在实践中培育海洋精神、增强海洋意识。

2019年5月18日，辽宁省大连海洋大学海洋科技与环境学院携手大连市自然博物馆开展的"我对海洋有话说"博物馆日活动举行，拉开了第三届"我身边的海洋"海洋文化科普活动的序幕。该活动以建设海洋意识教育和科普工作活动品牌为重点，旨在树立青年学子热爱海洋、关心海洋、建设海洋的意识，提升高校学子建设海洋强国的社会责任感和历史使命感。

2019年5月18日，来自天津市耀华中学天文社团、天津市东丽区丽泽小学天文社团的70余名中小学生，在天津国家海洋博物馆开展了主题为"星辰大海"的研学活动，提前探秘即将与公众见面的海洋天文厅。

2019年5月18日，中国科学院南海海洋研究所组织开展了以"科技强国　科普惠民"为主题的公众科学日活动，其间，市民们参观了海洋生物标本馆、海洋珊瑚礁生态修复实验装置、热带海洋环境国家重点实验室海洋科技成果展览、南海水文气象实时监测系统、海上调查仪器设备等。

2019年5月19日，自然资源部北海局2019年科技活动周系列活动在山东省青岛市正式启动。此次科技活动周围绕2019年全国科技活动周"科技强国、科普惠民"的主题，陆续开展海洋科普知识讲座、海洋科技成果及科技设备展、海洋知识进校园等系列活动。

2019年5月19日，第三届全国青少年海洋测绘地理信息文化科技周活动启动仪式在山东省青岛市举行。活动期间，将举行国家海洋科技成果展、全国青少年海洋测绘信息科普展、航海模拟科技展、蛟龙号创造"中国深度"海洋测绘知识讲座、航海雕塑群观赏、海螺姑娘灯塔观赏、妈祖文化展及奥运帆船体验等活动。

2019年5月26日，2019年首届水下智能装备高峰论坛暨水下智能装备创新设计大赛在辽宁省大连海事大学开幕。大赛旨在搭建水下智能装备产学研合作与交流平台，促进多学科交叉与融合，推动生产、教育、科研、应用的协同发展。

2019年5月29日，由国家海洋局、共青团中央、海军政治工作部主办，自然资源部宣传教育中心、海洋出版社、国家海洋局极地考察办公室、中国大洋事务管理局、海南广播电视总台承办的第十一届全国海洋知识竞赛大学生组总决赛在海南省三亚市开幕。

2019年7月10日，闽台小学生航海夏令营在福建省福州市马尾区举办。这是两岸搜救机构首度联办闽台小学生航海夏令营，以"同舟共济、梦想启航"为主题，推动两岸青少年交流。

2019年7月12日，2019"临港杯"国际水中机器人大赛（URC）在上海落下帷幕。本次大赛共吸引国内外60余所高校的200多个水中机器人竞赛队伍，各参赛团队分别在水下机器人竞速、目标识别抓取、水下操控、自主视觉、工程项目和创客生存挑战等项目上逐鹿争雄。

2019年7月18日至24日，2019年青少年高校科学营海洋科学专题营活动在山东省青岛市成功举办。在为期一周的活动中，学生们走进中国科学院海洋研究所，聆听专家的精彩报告，参观亚洲馆藏最丰富的海洋生物标本馆，开展"探秘海洋"课题研究，进行潮间带海洋生物采集及标本制作，全方位体验海洋科研的乐趣。

2019年7月29日，由中国海洋发展基金会和中国华能集团联合主办、自然资源部国家海洋信息中心承办的第二届中西部青少年海洋研学活动（天津站）开幕。此次研学活动以"识海、亲海、探海"为主题。

2019年8月8日，"海洋行·奥运梦"——2019海昌小小旅行家在上海海昌海洋公园举行了精彩的开营仪式。21名"海昌小小旅行家"将与花样游泳世界冠军蒋婷婷、蒋文文一同前往新西兰，开启海洋科普及奥运主题之旅。

2019年8月10日，第八届全国海洋航行器设计与制作大赛暨2019年国际海洋航行器设计与制作邀请赛在黑龙江省哈尔滨工程大学启幕。本届大赛以"海洋创新合作共赢"为主题。

2019年8月15日，第七届中国—东盟青年精英交流节活动在海南省三亚学院闭幕。本届交流节活动以"青年领航共建丝路"为主题，采取专题讲座、交流互动、参观访问、文艺演出和体育比赛相结合的方式进行，旨在

为海南与东盟青年搭建友好交流的平台。

2019 年 8 月 20 日，第七届两岸青年学生南海主题夏令营在海口市开营，来自清华大学、北京大学、台湾政治大学、台湾师范大学等两岸高校及研究机构的 20 余名青年学生在南海史地、法律、国际关系、海洋科学等领域展开了交流。

2019 年 8 月 21 日，浙江海洋大学海防文化暑期社会实践团队开展了以"踏寻海防要地，秉承海防意识"为主题的调研活动。

2019 年 9 月 19 日，以"学知识、爱海洋"为主题的第六届浙江省海洋知识创新竞赛拉开序幕。本次竞赛设有两个类别：海洋知识类、海洋科技创新类。前者以普及海洋知识为目的，后者以培养创新意识和创新思维为目的。

2019 年 9 月 27 日，福建省福州市马尾区开始举行"激扬青春·创梦榕台"海洋经济创新创业大赛。通过本次大赛筛选出的优质项目，可优先考虑列入海洋经济项目库、各类孵化平台及双创特色载体中；加入渔博会、海渔周等大型展会进行推广；优先申请符合福建省、福州市级资金扶持项目；享受最新创业扶持政策和创业孵化服务。

2019 年 10 月 12 日，由自然资源部宣教中心、中国海洋大学、自然资源部北海局共同举办的全国大中学生第八届海洋文化创意设计大赛颁奖典礼暨 2019 创意设计（三亚）论坛在海南三亚举行。本届大赛以"生态海洋"为主题，是世界海洋日暨全国海洋宣传日主要活动之一。

2019 年 10 月 19 日，首届中国海洋工程设计大赛全国总决赛在中国石油大学（北京）举办。本届大赛以"新概念浮体设计和制作"为主题，旨在通过竞赛实现"学、赛、研"相互促进，提高学生的综合素质和专业知识水平，培养一批创新能力强、适应社会经济发展需要的海洋工程技术人才，推进海洋石油勘探开发工作深入开展。

2019 年 11 月 2 日，以"绿色海洋"为主题的江苏省研究生绿色海洋科研创新实践决赛在江苏海洋大学举办。大赛围绕"一带一路"背景下资源环境与海洋经济快速发展的新要求，将作品形式分为湛蓝科技和智慧海洋两个方面。来自厦门大学、河海大学、苏州大学、江苏海洋大学、常州大学等高校及科研院所的38个项目150余人进入决赛。

2019年11月7日至9日，"光合杯"第一届全国研究生渔菁英挑战赛在辽宁省大连海洋大学举行，来自全国27个高校和科研院所的48支参赛团队，围绕海洋水产领域的专业知识、实验技能和实践与创新能力等展开激烈角逐。

八　海洋文艺

2019年1月10日，由中国海洋大学出版社推出的全新力作"悦读海洋365"名家美文系列在北京图书订货会上亮相。本书系由著名儿童文学作家安武林主编，集结了曹文轩、刘兴诗、张炜、金涛、小山、陈华清等老中青三代儿童文学名家，集中展示了他们以海洋为主题的原创儿童文学精品。

2019年1月19日，长篇小说《祖宗海》发布会暨读者交流会在海南省海口市举行。《祖宗海》是一部平民视角的国家叙事著作，讲述极富家国情怀的中国故事。潭门渔民和琼崖人民的坚韧与不屈、前仆后继、慷慨赴死、不惜破釜沉舟，以毁灭自我来捍卫祖宗之海的牺牲精神是本书之魂。

2019年3月5日，由美国记者洛丽·安·拉罗科所撰的《海上帝国：现代航运世界的故事》中文版在上海举行新书首发仪式。该书选取了现代航运界的20位最具影响力人物，展示了他们如何在各自领域对海上船舶的制造、运营、物资、融资方式进行创新和优化，从而推动现代航运业的发展，创造了"海上帝国"。

2019年5月15日，由上海博物馆与法国凯布朗利博物馆合作举办的"浮槎于海：法国凯布朗利博物馆藏太平洋艺术珍品展"亮相上海博物馆，通过150件艺术品，带人们领略来自大洋洲土著人民的灿烂文化。此次展览是两馆继2013年"刚果河——非洲中部雕刻艺术展"之后的再度合作，也是中国大陆第一个较为完整地呈现大洋洲艺术的展览。

2019年6月18日至25日，"北美艺术·海洋情怀"李蓝迪雕塑作品展

在广州图书馆展出。本次展览以动物为题材。

2019年7月11日至10月8日，由故宫博物院与深圳招商文化产业有限公司共同主办的"故宫里的海洋世界——海错图多媒体综合展"在广东省深圳市海上世界艺术文化中心展览。《海错图》是故宫总藏画谱116件中唯一一部由民间画师所绘的图谱，此次展览就以《海错图》为蓝本，在充分考证史料的基础上，运用数字科技，复活古人所认知的奇幻海洋世界。

2019年7月13日，由日本知名艺术家村松亮太郎及其创意团队打造的垂直沉浸式"如海·空间"艺术展在上海环球金融中心开启凌空首秀。展览通过14组以海洋为主题的多媒体空间作品，为参观者打造海洋幻境般的沉浸式体验。

2019年7月14日，由广州美术学院主办的向海洋——广州美术学院藏20世纪50年代至70年代"海洋建设"主题作品展在广州美术学院美术馆开幕。此次展览以广州美术学院藏"海洋建设"主题作品为基础，涵盖国画、油画、版画、水彩、素描以及连环画等美术门类。

2019年7月15日，由中央电视台、中共海南省委宣传部、王马华睿影视文化传媒（北京）有限公司、南京大学中国南海研究协同创新中心联合摄制的电视纪录片《南海·南海》在中央电视台社会与法频道（CCTV12）首播。该片以"中国南海·我们的家园"为主题，是迄今为止内容最丰富、数据最权威、涵盖最全面、以记录的形态全面展示中国南海的纪录片。

2019年7月25日，华中科技大学出版社引进出版法国历史学家弗朗索瓦·舍瓦利耶的力作《航线与航船演绎的世界史》。整部作品融合了文化、历史、宗教、地理学知识，颠覆了以往观看视角，精准还原了历史上的海上航线，为读者描绘出世界史立体画卷，并再现了世界历史与人类文明的进程。

2019年7月25日，福建省首部3D舞剧电影《丝海梦寻》在福建省泉州市、厦门市等地上映。《丝海梦寻》脱胎于福建省歌舞剧院1992年创排的传统舞剧《丝海箫音》，用现代影视摄制手法再现了800年前东方第一大港福建泉州刺桐港商船竞发的盛景，讲述了"通远舟师"海员阿海父子前赴后继开拓海上丝绸之路、迎来万国商贾、连接中华民族与万国友邦的故事。

2019年7月26日至27日，琼剧《祖宗海》在北京演出。全剧体现了海南渔民传承千年的捕鱼文化，延绵海上丝路，守护祖宗海。

2019年8月2日，首届青岛海洋国际音乐季在山东省青岛大剧院开幕。开幕音乐会以"青岛之约"为主题，为期十天。其间将举办分别以"青岛之约""红旗颂·解放情""东唱西和""海洋之音"为主题的四场大型交响音乐会以及"高山流水"国乐大师音乐会、"阎师高徒"阎维文民族声乐大师班师生音乐会等，为市民游客送上一场场音乐的饕餮盛宴。

2019年8月16日，由南方出版传媒股份有限公司、广东经济出版社和广东省珠江文化研究会联合推出的"海上丝绸之路研究书系"新书首发式在广州举行。该书系全方位、多层次，以点及面、由古至今、纵横交错地介绍了广东海上丝绸之路的发展全貌，为国人理解海上丝绸之路的文化内涵提供了学习工具，为专家学者研究海上丝绸之路的前世今生提供了理论和史料依据。

2019年8月27日，为庆祝新中国成立70周年，由中共威海市委宣传部发起，山东省电影局、山东省海洋局等单位联合举办了纪录影片《大洋深处鱿钓人》公益电影展映季启动仪式。

2019年8月31日，2019福州闽剧节暨首部船政题材闽剧《马江魂》首演活动在福州市举行。闽剧《马江魂》以公元1884年（清光绪十年）中法马江海战为历史背景，深入刻画出以陈英、郑金连、黄季良、梁功乐、邱芳泉等为首的福建水师将士，为了民族尊严而誓死与敌一战的爱国形象。

2019年9月5日，以"深蓝海洋"为主题的多媒体艺术展"海的轮廓"在上海市K11美术馆举行。这场由多位国内外数字艺术家和装置艺术家共同打造的多感官沉浸式展览，用全新视角和艺术表现形式打造了一个虚拟与真实相结合的深蓝世界，探讨人类与海洋之间矛盾又亲密的关系，带领观众接触和了解海洋，继而引发人们探索海洋的兴趣。

2019年9月17日至18日，天津京剧院携新编京剧《妈祖》赴西安参

加第六届丝绸之路国际艺术节。《妈祖》讲述的是主人公林默娘斗瘟魔、战海妖，以身溺海化灯救亲人，最后被奉为"海上保护神"妈祖的故事。

2019年9月21日，第九届"岱山杯"全国海洋文学大赛颁奖仪式在岱山举行。本届大赛由中国散文学会、浙江省作家协会、岱山县人民政府主办，历时半年，共吸引海内外2120位作者参赛。

2019年9月27日，"海洋心·强国梦"丛书在江苏昆山举办新书发布仪式。该丛书是一套普及海洋知识、提升海洋意识的知识读本，入选"十三五"国家重点图书出版规划项目。

2019年10月15日，主题为"光影熠福，丝路扬帆"的第六届丝绸之路国际电影节在福州市开幕。此次电影节以电影对话为主线，串联起中国精神、红色传承、"一带一路"等三大主题。

2019年11月8日，由海南大学图书馆馆长，海南大学计算机与网络空间安全学院教授、硕士研究生导师李文化所著的新书《南海"更路簿"数字化诠释》在海南海口发布。该书是学界近年来首次从自然科学入手，借用计算机信息技术对南海"更路簿"开展研究的代表性成果和重要创新。

2019年11月22日至27日，由文化和旅游部、福建省人民政府主办，福建省文化和旅游厅、泉州市人民政府承办的第四届海上丝绸之路国际艺术节在福建省泉州市举行。本届艺术节以"多彩海丝，文明互鉴"为主题，秉承"展示、交流、合作、共享"的理念，突出体现"海丝元素""闽台融合""泉州特色""文化惠民"。

2019年12月6日，山东省潍坊市海洋文化著作《潍坊滨海传说》首发仪式在北京举行。《潍坊滨海传说》是潍坊市2019年推出的一部海洋文化新作，全书约20万字，从民间文学的角度展现了潍坊海洋文化的壮美画卷和潍坊"中国海盐之都"的厚重人文底蕴。

九 海丝史迹

2019年1月2日，中国科技大学地球和空间科学学院、极地环境与全球变化安徽省重点实验室孙立广－谢周清研究小组对广东省南澳岛的海岸沉积剖面进行研究，揭示了该岛一千年前遭受南海海啸袭击的历史，证实了中国历史上曾发生过海啸冲击大陆海岸带的事件。该研究以《南澳宋城：被海啸毁灭的古文明遗址》为题，作为封面文章在《科学通报》上发表。

2019年3月20日，广东海上丝绸之路博物馆宣布，"南海Ⅰ号"船货清理进入尾声，清理的船载文物达14万余件，预计文物总量将超过16万件，比最初预计的多出1倍。

2019年4月8日，英国杜伦大学考古系与中国故宫博物院考古研究所的一项联合考古研究证明，海上丝绸之路终点早在唐代就已延伸至西欧，而非此前认为的明代。这一重大发现也将中欧陶瓷贸易的起始时间向前推进了500年。

2019年6月30日至7月18日，第四十三届联合国教科文组织世界遗产委员会会议（世界遗产大会）在阿塞拜疆巴库举行。会议上，地处江苏盐城的中国黄（渤）海候鸟栖息地（第一期）获准入选世界自然遗产名录，成为我国首个滨海湿地类型的世界自然遗产。

2019年7月10日，杭州海塘遗址博物馆在浙江省杭州市江干区九堡文体中心落成。这是全国首个海塘遗址博物馆，以一段现存的明清海塘遗址为核心，全面展示杭州古海塘的历史变迁、文化内涵和价值。

2019年8月6日，国家文物局在京召开"考古中国"重大研究项目新进展工作会，发布了"南海Ⅰ号"保护发掘项目考古成果。这是国家文物局首次系统、全面地公布"南海Ⅰ号"自2014年以来的考古成果。

2019年9月18日，由浙江省港航管理中心组织编撰的《大运河航运史（浙江篇）》正式出版发行，填补了大运河航运史浙江部分的空白，也为业界提供了比较完整、可靠的历史资料和行业史料，对传承、利用和保护好大运河历史文化遗产有着重要的意义。

社会科学文献出版社

皮 书

智库报告的主要形式
同一主题智库报告的聚合

❖ 皮书定义 ❖

皮书是对中国与世界发展状况和热点问题进行年度监测，以专业的角度、专家的视野和实证研究方法，针对某一领域或区域现状与发展态势展开分析和预测，具备前沿性、原创性、实证性、连续性、时效性等特点的公开出版物，由一系列权威研究报告组成。

❖ 皮书作者 ❖

皮书系列报告作者以国内外一流研究机构、知名高校等重点智库的研究人员为主，多为相关领域一流专家学者，他们的观点代表了当下学界对中国与世界的现实和未来最高水平的解读与分析。截至 2020 年，皮书研创机构有近千家，报告作者累计超过 7 万人。

❖ 皮书荣誉 ❖

皮书系列已成为社会科学文献出版社的著名图书品牌和中国社会科学院的知名学术品牌。2016 年皮书系列正式列入"十三五"国家重点出版规划项目；2013~2020 年，重点皮书列入中国社会科学院承担的国家哲学社会科学创新工程项目。

权威报告·一手数据·特色资源

皮书数据库
ANNUAL REPORT(YEARBOOK)
DATABASE

分析解读当下中国发展变迁的高端智库平台

所获荣誉

- 2019年，入围国家新闻出版署数字出版精品遴选推荐计划项目
- 2016年，入选"'十三五'国家重点电子出版物出版规划骨干工程"
- 2015年，荣获"搜索中国正能量 点赞2015""创新中国科技创新奖"
- 2013年，荣获"中国出版政府奖·网络出版物奖"提名奖
- 连续多年荣获中国数字出版博览会"数字出版·优秀品牌"奖

成为会员

通过网址www.pishu.com.cn访问皮书数据库网站或下载皮书数据库APP，进行手机号码验证或邮箱验证即可成为皮书数据库会员。

会员福利

- 已注册用户购书后可免费获赠100元皮书数据库充值卡。刮开充值卡涂层获取充值密码，登录并进入"会员中心"—"在线充值"—"充值卡充值"，充值成功即可购买和查看数据库内容。
- 会员福利最终解释权归社会科学文献出版社所有。

数据库服务热线：400-008-6695
数据库服务QQ：2475522410
数据库服务邮箱：database@ssap.cn
图书销售热线：010-59367070/7028
图书服务QQ：1265056568
图书服务邮箱：duzhe@ssap.cn

▲▲社会科学文献出版社 皮书系列
SOCIAL SCIENCES ACADEMIC PRESS (CHINA)

卡号：772465431293
密码：

S 基本子库
SUB DATABASE

中国社会发展数据库（下设 12 个子库）

整合国内外中国社会发展研究成果，汇聚独家统计数据、深度分析报告，涉及社会、人口、政治、教育、法律等 12 个领域，为了解中国社会发展动态、跟踪社会核心热点、分析社会发展趋势提供一站式资源搜索和数据服务。

中国经济发展数据库（下设 12 个子库）

围绕国内外中国经济发展主题研究报告、学术资讯、基础数据等资料构建，内容涵盖宏观经济、农业经济、工业经济、产业经济等 12 个重点经济领域，为实时掌控经济运行态势、把握经济发展规律、洞察经济形势、进行经济决策提供参考和依据。

中国行业发展数据库（下设 17 个子库）

以中国国民经济行业分类为依据，覆盖金融业、旅游、医疗卫生、交通运输、能源矿产等 100 多个行业，跟踪分析国民经济相关行业市场运行状况和政策导向，汇集行业发展前沿资讯，为投资、从业及各种经济决策提供理论基础和实践指导。

中国区域发展数据库（下设 6 个子库）

对中国特定区域内的经济、社会、文化等领域现状与发展情况进行深度分析和预测，研究层级至县及县以下行政区，涉及地区、区域经济体、城市、农村等不同维度，为地方经济社会宏观态势研究、发展经验研究、案例分析提供数据服务。

中国文化传媒数据库（下设 18 个子库）

汇聚文化传媒领域专家观点、热点资讯，梳理国内外中国文化发展相关学术研究成果、一手统计数据，涵盖文化产业、新闻传播、电影娱乐、文学艺术、群众文化等 18 个重点研究领域。为文化传媒研究提供相关数据、研究报告和综合分析服务。

世界经济与国际关系数据库（下设 6 个子库）

立足"皮书系列"世界经济、国际关系相关学术资源，整合世界经济、国际政治、世界文化与科技、全球性问题、国际组织与国际法、区域研究 6 大领域研究成果，为世界经济与国际关系研究提供全方位数据分析，为决策和形势研判提供参考。

法律声明

"皮书系列"（含蓝皮书、绿皮书、黄皮书）之品牌由社会科学文献出版社最早使用并持续至今，现已被中国图书市场所熟知。"皮书系列"的相关商标已在中华人民共和国国家工商行政管理总局商标局注册，如 LOGO（🖎）、皮书、Pishu、经济蓝皮书、社会蓝皮书等。"皮书系列"图书的注册商标专用权及封面设计、版式设计的著作权均为社会科学文献出版社所有。未经社会科学文献出版社书面授权许可，任何使用与"皮书系列"图书注册商标、封面设计、版式设计相同或者近似的文字、图形或其组合的行为均系侵权行为。

经作者授权，本书的专有出版权及信息网络传播权等为社会科学文献出版社享有。未经社会科学文献出版社书面授权许可，任何就本书内容的复制、发行或以数字形式进行网络传播的行为均系侵权行为。

社会科学文献出版社将通过法律途径追究上述侵权行为的法律责任，维护自身合法权益。

欢迎社会各界人士对侵犯社会科学文献出版社上述权利的侵权行为进行举报。电话：010-59367121，电子邮箱：fawubu@ssap.cn。

社会科学文献出版社